L'HOMME FOSSILE

L'HOMME FOSSILE

ÉTUDE

DE

PHILOSOPHIE ZOOLOGIQUE

PAR

W. DE FONVIELLE

PARIS

J.-B. BAILLIÈRE & FILS,

LIBRAIRES DE L'ACADÉMIE IMPÉRIALE DE MÉDECINE

Rue Hautefeuille, 19.

LONDRES   NEW-YORK

HIPP. BAILLIÈRE, 219, REGENT STREET. | CH. BAILLIÈRE, 440, BROADWAY.

MADRID, C. BAILLY-BAILLIÈRE, PLAZA DEL PRINCIPE ALFONSO, 8.

1865

L'HOMME FOSSILE

INTRODUCTION

Le lecteur ne doit pas chercher, dans les pages suivantes, un traité didactique ni rien qui, de près ou de loin, y ressemble. Nous n'avons jamais eu un seul instant la prétention de rivaliser avec les excellents ouvrages qui ont paru, dans ces derniers temps, sur l'homme fossile. Loin de nous la pensée de faire oublier tant de livres, tant de mémoires qui ont victorieusement transformé l'opinion du monde savant.

Mais la démonstration de la haute antiquité de l'homme n'est pas destinée à rester confinée dans les académies, car il n'y a certainement pas de vérité qui doive exercer une influence plus décisive sur le développement de la raison publique, et qui soit à même de détruire radicalement plus d'erreurs. Nous avons donc supposé que nous ferions une œuvre utile en recueillant quelques arguments simples, qui nous semblent de nature à faire passer dans l'esprit du public éclairé la conviction qui nous anime.

Nous serons amplement récompensé de nos peines, si nous parvenons de la sorte à faire jouir quelques-uns de nos concitoyens de la satisfaction que nous avons éprouvée, en reconnaissant que l'histoire avait un fondement rationnel, et qu'elle ne débutait point par donner un éternel défi à la civilisation tout entière.

Quoique la doctrine de la haute antiquité de l'homme n'ait point la prétention de tout expliquer, elle donne des lumières très réelles et très sérieuses sur une infinité de questions majeures. Nous ne saurions donc nous dispenser de faire précéder cette esquisse de quelques lignes sur l'influence que l'étude de l'homme fossile peut exercer sur toutes les branches de la philosophie naturelle. Nous ne pouvons aborder le sujet qui nous occupe sans montrer où conduit le sillon que les travaux des Lyell, des Falconer, des Boucher de Perthes ont découvert.

La doctrine de la haute antiquité de l'homme offre l'inappréciable avantage d'établir une unité réelle dans la série des connaissances positives. Elle constitue l'histoire à l'état scientifique, et la fait reposer sur des bases qui ne permettent aucune équivoque; car elle viendra donner la main à l'*unité de l'espèce* si merveilleusement élaborée par l'école Darwin, ou, pour nous servir du langage officiel, couronner l'édifice que la physiologie moderne a construit sur une base aussi large que profonde.

Jusqu'au jour où Copernic nous obligea de nous rappeler les enseignements de Pythagore, l'humanité pouvait croire qu'elle appartenait au ciel encore plus qu'à la terre, puisque la terre, créée pour lui servir de demeure, ne devait exister que pour être le théâtre de sa gloire.

Depuis que nous nous sentons emportés autour du soleil, nous devons comprendre que nous ne sommes qu'un accident dans la chaîne des êtres. Nous voyons clairement que la providence ne s'occupe pas plus de nous que des autres espèces, sœurs de la nôtre.

L'idée de fraternité, qui était le privilége et le monopole de nos semblables, doit s'étendre jusqu'à tous nos autres concitoyens du monde.

Encore une fois, il suffit de nous donner du temps, quelques dizaines de milliers d'années dont nos annales ont besoin, pour les constituer régulièrement. Nous le refuser, quand autour de nous l'éternité est si longue, c'est comme si l'on nous laissait mourir de soif au milieu de l'Océan.

Six mille ans, c'est trop peu pour que nous ayons mérité de posséder tout ce que nous avons conquis. Nous avons l'air, avec la chronologie vulgaire, de parvenus enrichis par un coup du sort.

L'homme fossile est bien pire que le paysan du Danube ! Le rustre qui sort de terre après quelques dix ou vingt mille ans de pourriture, licencie d'un seul coup tous les héros providentiels, dieux, demi-dieux et fils de dieux. C'est l'histoire qui rentre en possession d'elle-même; nous sommes obligés de reconnaître que la grande doctrine de la métamorphose, si merveilleusement développée par Gœthe, s'applique à l'homme lui-même, qui n'est pas en dehors des lois générales de l'évolution des espèces et des genres.

La série presque indéfinie des transformations qui se sont succédées à la surface de la terre ne paraît plus le résultat de la débauche des forces naturelles; mais on y reconnaît comme un enchaînement systématique. On dirait une série de mesures prises pour rendre possible la vie de l'être raisonnable, du chef actuel de la série animale. Notre globe n'est plus une masse inerte, mais en quelque sorte un œuf immense que la nature couve pendant toute la durée de l'éternité. Qui peut apprécier à l'avance la perfection des organismes que la nature saura successivement produire ?

Nous régnons à cette heure; mais qui sait si nos descendants régueront comme leurs ancêtres ? Qui peut se vanter de connaître les formes finales auxquelles aboutira la chaîne des transformations futures ?

Dans l'histoire, nous voyons l'apparition successive de races humaines, qui sont constamment supérieures aux anciennes, qui prennent leur place à la tête de l'évolution. Des *nations inconnues* surgissent, et les races célèbres disparaissent dans la nuit du passé.

Des Egyptiens, l'empire est passé aux Grecs, des Grecs aux peuples européens. Voilà que l'Amérique semble hériter de l'hégémonie du monde. Chaque race apporte un élément nouveau, et aucun élément essentiel des civilisations passées ne disparaît.

L'histoire *n'est, en quelque sorte, que le spectacle de la génération de l'humanité qui s'améliore de plus en plus.* Les civilisations embryonaires disparaissent fatalement devant celles qui sont d'un ordre supérieur.

Nous constatons que le centre de la civilisation se déplace lentement vers l'occident, en vertu d'un mouvement séculaire ! Il y a, comme on pourrait le dire, la précession des équinoxes du progrès.

Voilà ce que la théorie de l'homme fossile permet de reconnaître. C'est une grande vérité historique qui semble se lever majestueuse en face de l'ascendant croissant des nations du nouveau monde.

L'homme fossile nous expliquera peut-être comment il se fait que les grands principes de la philosophie germent si facilement en Amérique, et poussent avec tant de peine sur les rives orientales de l'océan Atlantique. Il nous apprendra à reconnaître comment le mouvement continue et comment il se fait que peut-être nous devenons une nouvelle Asie sans nous en apercevoir ! C'est le mouvement qui nous pousse peut-être, de sorte que voilà l'Orient qui nous gagne.

Sans l'homme fossile, nous n'apprendrions point les grandes lois de l'évolution humanitaire, lois qui ne sont fatales que lorsqu'on les ignore et qu'on ne peut, par conséquent, en faire usage.

L'être éternel et infini sur lequel certains théologiens ont constamment les yeux tendus dans toutes leurs spéculations, ne se soutient au-dessus du temps, au-dessus de l'espace, au-dessus de la mort et de la vie que par une série de contradictions, au moins apparentes, qui ébranlent la raison et la rendent incapable de s'appliquer à l'étude des phénomènes naturels. Quittons donc cette voie, dans laquelle il ne saurait y avoir que chimère et déceptions. Cherchons le royaume de la science pure, et le reste nous sera donné par surcroît.

Etudions, à l'aide de la raison seule, le développement de l'être destiné à mourir, mais doué de l'appétit de l'éternité, fier dans sa faiblesse, comme nous n'avons pas eu besoin de le faire remarquer, mais divin dans sa raison, comme trop de gens feignent de l'ignorer!

A quoi nous servirait la faculté sublime qui est notre apanage, si nous ne pouvions l'appliquer à expliquer notre propre origine?

La majeure partie des chapitres qui composent notre opuscule ont déjà paru dans la *Presse scientifique des Deux Mondes*, sous une forme encore plus imparfaite que celle que nous sommes parvenu à lui donner aujourd'hui. L'accueil sympathique que nous avons reçu dans cet estimable recueil, nous autorise à compter sur l'indulgence du public auquel nous consacrons cette seconde tentative.

La cause de l'homme fossile est si merveilleusement riche d'arguments de toute nature, qu'il suffit d'aborder la discussion avec un amour sincère de la vérité pour trouver immédiatement un faisceau de preuves démonstratives. C'est à cette abondance de biens que nous attribuons la majeure partie des suffrages que nous avons obtenus; c'est sur cette heureuse circonstance que nous comptons pour compléter notre insuffisance.

Nous n'eussions certes point abordé une tâche aussi lourde, si nous n'avions senti que nous trouverions une multitude d'armes à notre portée, et que même en nous bornant à l'usage de celles dont nous sommes à même de nous servir, nous étions assurés de ne pas succomber sans porter à la cause opposée quelque coup décisif.

Les lecteurs compétents trouveront sans doute que nous avons omis un grand nombre d'arguments essentiels, mais nous n'aurions pu en faire usage sans étendre le cadre de cette étude et sans restreindre, en même temps, le nombre des lecteurs auxquels elle est destinée dans notre pensée.

La haute antiquité de l'homme n'est pas moins indispensable pour expliquer l'existence de toutes les conquêtes qui constituent l'actif de notre civilisation. Il faut, en effet, reconnaître que de longues séries de révolutions intellectuelles ont été nécessaires pour produire les vérités morales et physiques dont nous jouissons. Quelque faibles qu'elles puissent être, en présence de celles dont nos petits-enfants seront les dépositaires, elles n'en portent pas moins les traces d'innombrables alluvions. En écrivant leur histoire on peut voir les différentes couches morales, l'une sur l'autre superposées, renversées peut-être, boursouflées comme les terrains stratifiés. La nature est pleine de symboles, et l'on semble avoir toujours devant soi, dans les choses de la matière, l'image de celles de l'esprit.

Au premier abord, les annales de la civilisation contemporaine semblent démontrer, d'une manière brillante, que l'humanité a ses jours de fortune. On peut croire qu'il se rencontre, de temps en temps, dans l'histoire des périodes bénies, où les découvertes s'engendrent avec une prodigieuse facilité.

Ainsi, les philosophes des âges futurs ne manqueront pas de rapporter avec admiration que le même siècle a vu naître la vapeur, l'électricité et la photographie, c'est-à-dire trois sciences dont le monde antique ne pouvait même pas soupçonner l'existence; mais la médaille a un revers. Pourquoi, en effet, l'amour de la science semble-t-il s'être si miraculeusement éteint alors que tant de brillantes découvertes paraissent présager d'autres résultats plus brillants encore? Pourquoi ne voit-on plus des hommes passionnés pour la découverte de la vérité lutter avec ardeur contre tous les préjugés? Ce n'est point que la science soit moins attrayante, que l'horizon soit moins étendu; mais il manque malheureusement à chacun la confiance dans un avenir qui n'est pas préparé. Quand le maître a pris le miel, les abeilles sont excusables d'hésiter pendant quelques jours avant de recommencer leurs cellules.

Ce sont précisément les adversaires de l'homme fossile qui semblent fournir à la raison les meilleurs arguments pour mesurer la lenteur avec laquelle les siècles ont dû couver l'évolution des vérités les plus simples, les plus élémentaires. En effet, leur longue obstination pour repousser une doctrine aussi logique mérite d'être apportée comme preuve saillante de ce que les préjugés devaient posséder de force dans des siècles encore moins bien partagés.

Même lorsque l'homme fossile aura trouvé une place paisible dans les armoires de nos musées ; quand il pendra triomphalement à côté de l'*ursus spœleus*, de l'*elephas antiquus*, du *bos primigenius*, ses anciens rivaux, ses premières victimes, il ne faudra pas oublier les longues controverses dont nous n'avons retracé qu'une faible partie. Puissent ces longs débats être conservés comme témoignages de la longueur du temps que réclame la moindre fondation sérieuse. Que de siècles pour que le plus petit progrès puisse faire le tour de la terre !

Que de fois les découvertes les plus sublimes auraient été perdues, s'il n'y avait eu comme une attraction merveilleuse des vérités formant une chaîne et s'appelant l'une l'autre à travers les siècles !

Ne voit-on pas l'idée de Pythagore dormir pendant plus de mille ans, jusqu'à ce que le chanoine de Thorn vînt la tirer de l'oubli. Qu'étaient devenus, pendant le moyen âge, les atomes de Lucrèce, et n'a-t-il pas fallu pour rappeler leur existence la balance de Lavoisier ?

Les véritables champions de l'humanité n'ont jamais pu improviser aucune de ces solutions rapides. Quand le génie de quelque penseur a pratiqué un hardi coup d'Etat contre l'ignorance, c'est que les solutions étaient mûres : comme on en a vu un bel exemple lors de la découverte du calcul infinitésimal.

Il a fallu des siècles de luttes pour que les Hercules qui ont osé attaquer les monstres aient eu la bonne fortune d'en triompher. Ce n'est pas évidemment, dès la première fois que l'homme s'est baissé vers la terre, qu'il s'est redressé maître du monde.

En effet, l'on ne saurait prétendre qu'il ait dès l'abord trouvé à ses pieds un caillou, taillé en fer de lance, la première fois qu'il s'est baissé. La raison est une arme qui a permis au nain difforme de lutter corps à corps contre les géants les plus parfaits de la création, parce que la force de l'encéphale qui dirige l'action des muscles vaut mieux que la force des muscles eux-mêmes. Mais ce n'est pas d'une génération à la suivante que le contenu de la capacité crânienne peut offrir un changement notable.

L'anthropologie ne pénètre pas encore dans l'étude de ces détails. Sans cela, les variations de la contenance de l'encéphale formeraient une espèce de procédé chronologique. C'est exclusivement par la force de son intelligence que le faible d'entre les faibles est arrivé, comme nous le montrerons plus loin, à se repaître du sang des forts d'entre les forts ; que nu de naissance, il est parvenu à être le mieux couvert, et le plus solidement cuirassé ; qu'il a taillé à ses enfants des jouets avec la dent qui aurait dû le déchirer. Mais il y a une méthode dans le développement de la raison; c'est ce que nous allons essayer de faire comprendre en faisant intervenir une durée suffisante qui, si elle n'explique pas les choses, est au moins la base de toutes les explications.

Il en est des œuvres de la raison comme de celles de la nature. Les roseaux poussent avec une rapidité merveilleuse; les feuilles de la *victoria regia* s'épanouissent à la surface des eaux ; les filaments de l'*anacharis* encombrent les cours d'eaux, *mais le chêne met longtemps à acquérir* des dimensions suffisantes pour résister aux orages.

C'est seulement par degrés que l'on dépouille les idoles des qualités imaginaires dont le génie créateur des poëtes les a douées en un éclair d'inspiration. Combien n'a-t-il pas fallu de siècles pour détruire l'œuvre d'Homère, et encore, chacun, à nos heures, ne sommes-nous pas tous un peu païens?

Les préjugés tendent à disparaître, mais c'est par un travail de progrès séculaires, de corrosion lente. Si l'on arrive à entrevoir, dans un lointain confus, l'aurore de la vérité, c'est après avoir épuisé toutes les formes de l'erreur. Que de superstitions séparent l'être raisonnable que le dix-neuvième siècle s'enorgueillit de produire, du sauvage errant dans les forêts de l'ancien continent, quand le nom de Gaule put être inventé? Cependant cet homme inculte, qui nous ferait horreur, était lui-même bien éloigné de la barbarie primitive.

On dirait que les animaux commencent par nous écraser sous le spectacle de leur supériorité naïve. Les premières huttes étaient inférieures aux ruches des abeilles, et ce fut un grand triomphe que le jour où notre architecture fut comparable à celle des castors et des fourmis, nos premiers modèles.

Les choses qui nous paraissent les plus simples sont souvent celles qui ont nécessité la continuité la plus assidue des efforts les mieux soutenus. Rien ne nous semble plus simple sans doute que l'art de lire.

Cependant il faut y reconnaître le fruit du travail successif de plusieurs civilisations successives coalisées dans une œuvre de progrès commun. Il serait dix fois digne des honneurs de l'apothéose, le grand homme qui aurait osé concevoir la pensée de changer des hiéroglyphes informes en un admirable véhicule de la pensée.

Mais la langue elle-même n'a pu se former que par un travail de création de longue durée. Mille orateurs, mille poëtes inspirés ont dû gémir contre la pauvreté des termes, la confusion des sentiments, avant de pouvoir moduler de profondes harmonies sentimentales. Chaque mot nouveau qui a trouvé place au soleil de la pensée a été le fruit d'un acte de génie. C'est à force de coups d'audace que les sculpteurs d'idée, qui n'avaient dans leur gosier que des sons informes et confus, ont façonné tant d'images sublimes ou vivaces, et découvert tant de notes.

Aussi, avec quel soin jaloux l'humanité semble veiller sur son trésor sentimental. Les palais disparaissent, les empires s'écroulent, les religions s'évanouissent, les civilisations s'éteignent, mais nul conquérant n'ose toucher aux mots qui voltigent de génération en génération. Ils ont traversé trente siècles, cent idiomes, et qu'ont-ils perdu dans ce long voyage à travers l'espace, à travers le temps, à travers les passions humaines ? Ils n'ont laissé tomber que quelques désinences insignifiantes qui les surchargeaient, mais leur être lui même n'a pas même été altéré.

Chaque vocable dont se servent les négateurs de la haute antiquité de l'homme est un monument vivant qui proteste contre leur genèse. Si Manéthon nous conduit dans la partie authentique de ses annales, à une époque antérieure de mille ans, à la date de la création mosaïque, la chronologie des découvertes nous conduirait beaucoup plus haut ; sans doute les onze mille ans, que le prêtre d'Isis accorde au règne des demi-dieux à la période des mythes, ne suffiraient pas. — Toutes les sociétés positives se montrent dans l'histoire avec une série de découvertes qui ont dû être d'autant plus difficiles à inventer et d'autant plus longues à généraliser, qu'elles sont plus rudimentaires.

Avec la théorie vulgaire, les hommes providentiels, les demi-dieux, comme le disaient les anciens avec plus de franchise que les modernes, sont nécessaires pour tout expliquer ; la raison se heurte à chaque pas contre la tutelle divine.

La destruction de la chronologie mosaïque permet au contraire de traiter l'étude de l'histoire comme une science naturelle, et de pénétrer les lois de l'évolution de l'esprit. Le hasard lui-même arrive alors à jouer un rôle organique dans l'évolution de l'espèce lorsqu'il a le temps à sa disposition. En effet, il suffit bien d'une minute pour que les lustres ébranlés d'une église aient frappé l'attention d'un Galilée, mais combien de millions d'ignorants ont dû être distraits de leurs prières et regarder inutilement ces vibrations !

Sans doute les voyageurs qui s'étendaient sur les rives de Libye ont plus d'une fois laissé du sable transformé en verre dans le fond de leur foyer, avant qu'un grand inventeur songeât à faire de propos délibéré ce que tant d'ignorants avaient fait sans le savoir, peut-être même malgré eux.

Certes, il est tombé bien des pommes sur le sol depuis que le vent d'automne souffle dans les branches des pommiers; mais il n'y a pas toujours un Newton pour ramasser les fruits. S'il suffit d'une circonstance fortuite pour que la foudre agite les muscles d'une grenouille, il faut un autre hasard plus grand encore pour que le fait soit observé par un Galvani ou un Volta.

La doctrine de la haute antiquité de l'homme est la seule qui nous permette de comprendre convenablement la solidarité des différentes générations. Du moment que les travaux de l'humanité cessent d'être concentrés artificiellement dans une faible portion de la durée, nous comprenons la merveilleuse épopée du progrès. Nous voyons ces étranges décadences venant toujours succéder aux périodes de prospérité, de sorte que l'esprit humain semble alternativement sommeiller ou agir, comme si les nécessités de la vie individuelle se retrouvaient encore parmi celles de la vie collective.

Malgré la supériorité de la race humaine, nous devons reconnaître que les défauts et les vices des animaux se reflètent chez nous avec exagération, au lieu d'être éteints par les progrès de notre développement intellectuel.

Mais si nous sommes grands par nos vices, nous sommes encore plus grands par nos facultés.

Les plus criminels d'entre les hommes protestent malgré eux contre la domination du principe de mal et de déchéance.

Il ne faut pas croire qu'au milieu de la nuit morale qui nous entoure nous soyons réellement abandonnés à nous-mêmes. Est-ce que nous ne sentons point vibrer dans notre poitrine une boussole dont l'aiguille se dresse toujours, malgré nous, vers l'étoile polaire du bien?

L'universalité de ces immenses appétits de perfectionnement et de progrès provient de ce que nous portons dans notre cœur le germe d'une destinée future, plus parfaite que la nôtre, douée d'aptitudes plus vastes, de connaissances plus nombreuses et plus variées. Nous sommes d'autant meilleurs que nous nous sentons moins de l'homme présent et plus de l'homme *à venir*, de celui dont les meilleurs d'entre nous s'efforcent de préparer le réveil.

La doctrine de la haute antiquité de notre race nous permet de reconstituer par la pensée cette gigantesque épopée de la civilisation. Du moment que nous sommes débarrassés de la chronologie, où les Procustes officiels veulent comprimer l'histoire, les horizons immenses du passé nous appartiennent. Nous pouvons à notre aise y lire la confirmation de nos aspirations sublimes.

Ce n'est point que l'histoire, ainsi interprétée, nous montre dans le progrès une ligne droite sans inflexion : bien au contraire, elle nous apprend que toutes les civilisations ont péri sous les coups des barbares. Les plus grands monuments sont même souvent l'œuvre de peuples plus anciens.

L'Empire égyptien de Memphis se montre plus savant, plus prospère que celui de Thèbes, qui le remplaça après l'invasion des Hyksos.

Les Toltèques paraissaient de plus grands, de plus savants bâtisseurs que les Astèques, qui établirent sur les ruines de leur empire celui de Guatimozin et de Montézuma. Les Césars germains ne sont point arrivés à lutter de splendeur avec les descendants du divin Jules. L'empire de Stamboul ne vaut pas celui de Byzance.

Ces grandes oscillations, loin de montrer que l'humanité est jeune, ralentissent singulièrement la vitesse de l'évolution du progrès. Combien doit durer l'éducation, si l'homme collectif s'amuse à faire l'école buissonnière pendant quelques milliers d'années, s'il faut que la culture intellectuelle change de théâtre et qu'on établisse une jachère faute d'avoir pénétré les lois véritables de la civilisation?

Comme on le comprend par ce qui précède, notre modeste opuscule a la prétention de fournir, par l'étude de l'homme fossile, une réponse tout à fait catégorique et péremptoire à ceux qui nient notre haute antiquité.

Pourquoi, du reste, ne pas briser les liens qui rattachent la société moderne à celle du moyen âge? Pourquoi ne ferait-on point en plein dix-neuvième siècle, pour l'histoire moderne, ce que d'éminents penseurs ont tenté avec succès, à la renaissance de l'esprit humain, pour les recherches purement philosophiques? Pourquoi ne montrerait-on point, par un exemple saillant, qu'il faut faire abstraction complète de livres dont toutes les pages sont en contradiction flagrante avec les résultats les plus incontestables de la science positive?

Chose étrange, les savants qui travaillent à établir la haute antiquité de l'homme sont dans la même position que ceux qui ont lutté pendant un siècle et demi pour conquérir la théorie de l'attraction. Falconer, Boucher de Perthes, Lyell, Huxley, ont devant eux les mêmes adversaires que Copernic, Tycho, Kepler ; mais heureusement, ils ont encore pour eux les anciennes, les vraies traditions de l'humanité, et comme les novateurs téméraires du seizième siècle, ils peuvent invoquer l'ancienne théorie pythagoricienne, à laquelle on avait eu la faiblesse de renoncer.

La théorie de l'homme fossile n'est point une idée neuve, une trouvaille; c'est la résurrection de ces conceptions qui ne veillissent jamais, quoique leur origine se perde dans la nuit des temps. Il nous a paru utile d'exposer ici cette théorie, de prouver par elle la haute antiquité de la race humaine, et de montrer ainsi que la science positive rend à l'histoire la base rationnelle sur laquelle elle doit reposer.

CHAPiTRE PREMIER

—

DESTRUCTION ET RÉNOVATION

Des siècles ont coulé du sablier de l'histoire, depuis le jour où des pâtres du royaume de Naples se sont aperçus que des villes dormaient aux pieds du Vésuve, d'un sommeil de plus de quinze cents ans. Cependant les archéologues italiens ne sont point parvenus à rendre au soleil des cités que le volcan avait englouties en une nuit de délire. Depuis que la pioche des ouvriers a entamé la lave vierge, le trône des Bourbons s'est écroulé et s'est relevé pour s'écrouler une seconde fois ; la République parthénopéenne a disparu devant le règne du lieutenant d'un César étranger, le suffrage des citoyens a acclamé le descendant des princes savoyards. Que de révolutions, que de guerres, que de convulsions sociales et politiques n'éclateront pas encore avant que le travail de restauration des ruines soit terminé !

Le plus mince tyran qui a régné sur la Péninsule aurait pu faire disparaître des villes dix fois plus grandes qu'Herculanum et Pompéi. Il lui aurait suffi de quelques compagnies de reîtres, et de quelques barils de poudre pour détruire l'œuvre de mille ans de labeurs accumulés.

Lorsque nous nous mêlons de faire durer les choses, de résister au cours des âges, c'est alors qu'éclate notre faiblesse, et nous ne sommes vraiment grands que lorsque nous cherchons à devancer l'injustice du temps.

C'est par ironie, sans doute, que l'on prétend qu'il existe un parti conservateur, avec des races carnassières, il n'y a que les appétits qui puissent toujours régner.

Si les institutions ont quelque chance de vieillir, c'est en restant toujours inachevées. Bien fat serait l'architecte qui se laisserait persuader de mettre la dernière pierre à son édifice, du moment qu'il est achevé on peut dire qu'il commence à s'effondrer. Si les gouvernements parviennent à flotter quelque temps à la surface de l'opinion, n'est-ce point en utilisant la force vive des agitations? Ne sont-ils point soutenus, de l'aveu des princes les plus sagaces, par les mouvements des impatients qui, trop pressés de détruire, ne laissent pas aux empires le temps de sombrer?

Si nous pouvons quelquefois lutter à armes égales contre la nature, c'est lorsque nous suivons la tradition des Vandales, ces héros du pillage et de la dévastation. La ruine de Babylone, le sac de Palmyre, la chute de Ninive, l'incendie de Troie, voilà de grandes heures dignes d'inspirer un Homère ou un Victor Hugo. Aussi, les forces inconscientes se chargent, pour ainsi dire, avec amour de compléter l'œuvre d'extermination. Les vents, les sables, les pluies, tout sourit au vainqueur qui veut effacer la trace des peuples vaincus.

Des sophistes ont blâmé Darwin d'avoir érigé en principe de perfectionnement la lutte, le carnage. On reproche au philosophe de s'être aperçu qu'il existe des tigres, des lions, des loups, pour poursuivre les moutons, et que celui qui ne court pas assez fort trouve bientôt sa place dans l'estomac d'un carnassier. On l'accuse d'avoir appliqué à la vie le principe de libre concurrence, d'avoir montré d'une main trop cynique le sort des faibles et des impotents. Est-ce pourtant sa faute si la Providence charge la mort de moissonner les infirmes, de débarrasser la terre de tous les organismes incomplets ; ce n'est point lui qui a prouvé que cet ordre immuable était compatible avec la loi de progrès et d'amour !

Hélas! tout ce qui a le bonheur de naître arrive dans ce monde comme une machine de guerre. Est-ce que la vie est autre chose que la faim impitoyable dont nous sommes toujours armés, car, après tout, est-ce que nous ne songeons point à digérer, jusqu'au jour où notre tour vient d'être dévorés?

Si nous ne sommes plus anthropophages individuellement, nous sommes bien autrement voraces que nos devanciers, quand nous agissons en corps de nation. — Même lorsque nous faisons la guerre pour une idée, nous n'oublions jamais que nous avons besoin de grandir. Les protégés du peuple le plus généreux du monde sont heureux que leurs bienfaiteurs se bornent à convoiter quelque obscure province.

Toutes les fois que notre civilisation débarque sur de nouveaux rivages, on peut dire : Voilà un peuple qui disparaît. Nous avons peut-être le droit de nous présenter en libérateurs, car enfin la mort a souvent été accueillie sous ce nom, et presque toujours c'est elle que nous apportons.

Vainement nos antiquaires cherchent à payer notre dette de respect envers le passé en tirant des sables du désert quelques colonnes brisées ; restes méconnaissables de temples inconnus. Vainement nous cherchons à redresser des portiques, à restaurer des sépulcres renfermant des morts illustres dont le nom est devenu un mystère. Nous n'arrachons que de bien maigres épaves au sillage du passé. Ces marbres, ces pierres, ne sont qu'un atôme en présence des ruines que nous faisons. Est-ce que la victime peut être consolée par quelques larmes stériles arrachées aux bourreaux ?

Les objets favorisés auxquels nous accordons l'hospitalité de nos musées ne sont pas assez nombreux pour remplir quelques salles de nos musées. Mais les caissons de nos généraux sont trop étroits pour emporter les restes échappés au moindre des incendies que nous allumons pour venger la civilisation.

C'est par un raffinement d'hypocrisie que nous affectons de respecter les préjugés des peuples que nous avons vaincus, car, en réalité, nous méprisons profondément tout ce qui jure, marche, parle et agit autrement que nous. Les philanthropes anglais ont tout autant horreur de la civilisation des Nouveaux-Zélandais, que les paysans débarquant en Algérie des mœurs et des lois arabes.

Tous ceux qui ne sont pas soumis au joug de la civilisation, dont le type est la crinoline ou l'habit noir, nous sont également hostiles. A peine si nous faisons de différence entre les sujets du sultan de Constantinople et ceux du roi nègre du Dahomey, dont les femmes servent de Janissaires et dont les esclaves servent de bêtes de boucherie. Personne n'a de sympathie pour les sauvages ou les barbares que détruisent notre poudre et notre absinthe ; pas même les hommes d'esprit blasés qui, singeant Marius, vont pleurer sur les ruines d'une Carthage de fantaisie. Jusqu'à ces derniers jours, nous n'avions même pas fait à ces races subalternisées l'honneur de violer leurs sépultures, nous ne nous étions même pas aperçus que nous avions quelque intérêt à placer leurs crânes dans nos collections d'ethnologie.

Il est vrai qu'il serait souverainement injuste d'agir envers les autres autrement que nous n'agissons envers nous-mêmes ; nous sommes plus insatiables que Saturne, car le dieu ne dévorait que ses propres enfants, tandis que nous autres, nous dévorons notre propre substance pour satisfaire à nos passions.

Lois, arts, sciences, tout y passe, rien ne résiste à l'invincible tourbillon qui entraîne surtout les choses qui ont la prétention de durer. Pour obtenir l'aumône d'une heure, il faut se faire bien humble devant l'éternité!

Que restera-t-il dans huit ou dix générations des millions de mètres cubes de pierres que nos ouvriers taillent si péniblement, des dix ou douze milliards de briques qui cuisent annuellement dans nos fourneaux. Quelques débris enfouis dans des profondeurs où l'air ne les peut venir chercher. Les milliers de tonnes de fer seront rongées par la rouille et rendus à la terre dont la houille les a tirés. Nos édifices s'en vont en miettes, notre gloire en fumée. Qant à nos cadavres, ils durent si peu qu'il est inutile d'en parler.

Evidemment il n'y a pas lieu de se plaindre que le plus antique débris de l'humanité primitive soit le fragment que M. Boucher de Perthes a extrait du diluvium de Moulin-Quignon. Si l'humanité avait besoin d'armes parlantes, on aurait certainement pu lui donner un râtelier entrebaillé sur un champ rouge de sang. Car du côté des fortes molaires a toujours été la toute-puissance.

En réalité, malgré les progrès dont nous sommes si fiers, nous ne saurions lutter contre un homme mieux dentelé. S'il naissait un peuple portant quatre dents de plus que nous, le dernier des nôtres aurait été bientôt digéré, car la faim semble toujours croître à mesure que se développent les moyens de la satisfaire. En y regardant, on verrait que les grandes évolutions dont le but occupe l'histoire ne sont, le plus souvent, que des querelles de râtelier.

CHAPITRE II

ERREURS DE LA GÉOLOGIE

Lorsque le hasard des événements géologiques mit sous les yeux des populations superstitieuses du moyen âge les dépouilles bizarres d'animaux qui n'avaient rien de semblable avec les organes à la mode, la sagesse des savants se borna d'abord à détourner la tête.

Les hommes du moyen âge n'avaient point assez de confiance dans leur avenir pour s'habituer à l'idée que la mort ne nous abandonne pas un seul instant pendant toute la durée de notre carrière éphémère et tourmentée.

Qu'eussent-ils dit s'ils se fussent doutés que les flancs de certaines montagnes sont composés de cadavres accumulés; s'ils eussent compris l'action des animalcules habitant le fond des océans crétacés, s'ils avaient vu les infusoires lutter contre l'océan Pacifique pour construire un nouveau continent; s'ils avaient pu contempler les infusoires à carapace siliceuse, dont Erhemberg a étudié les formes ; s'ils avaient vu ces obscurs ouvriers exhaussant le fond des océans, et vivant pour laisser leur dépouille mortelle comme fondement d'existences plus relevées ?

Il faut comprendre ce que c'est que la vie, pour ne pas sentir sa raison troublée en face des œuvres de la mort, pour que l'intelligence ne soit pas étouffée par les fumées qui sortent des sépulcres, pour promener au milieu de ce vaste ossuaire la sublime protestation du mouvement et de la pensée.

Cependant, les avalanches, les tremblements de terre, les grands travaux des ingénieurs continuant à éventrer le sol, à mettre au jour, avec les couches profondes, mille restes de l'activité de la nature, il fallut bien ouvrir les yeux et regarder les fossiles que Léonard de Vinci et Bernard de Palissy avaient décrits.

Du moment que l'indifférence devint impossible, on eut franchement recours au mensonge. L'on chercha mille subterfuges avant de rendre à la vie ce qui lui avait appartenu, avant de reconnaître le sceau de son activité imprimé sur la matière admise à l'honneur d'entrer dans la charpente d'un être sensible, avant d'étudier ses lois sur les os ou les substances pétrifiées, qui ont reçu dans une heure obscure du passé le sacrement de l'animalisation.

Des docteurs, fort applaudis dans leur temps, prétendirent hardiment que ces formes étranges étaient des jeux de la nature. Elle devait tant aimer à s'amuser pour se distraire de cette longue nuit morale que l'on nomme le moyen âge ! Mais elle paraît devenue sérieuse depuis qu'elle s'est aperçue que les savants commençaient à l'interroger.

Ces ossements, fabriqués de toutes pièces étaient pour ces étranges savants le résultat de la réaction d'une certaine matière grasse fermentescible, qui était répandue partout, et qui forçait les pierres à s'agréger de manière à nous tromper.

D'autres, plus habiles, se passaient même de cet intermédiaire, que leur sagesse considérait comme superflu. Ils supposaient que ces *mort-nés* de la création étaient l'œuvre de mouvements tumultueux du sol, le jeu d'exhalaisons intestines. Le hasard, qui avait si bien accroché les atomes de Lucrèce, ne pouvait-il pas avoir produit des tentatives inutiles d'animaux ? Le dieu aveugle s'était trompé de place et avait organisé, dans le sein de la terre, des êtres qui n'auraient pu vivre que s'ils s'étaient trouvés à la surface qu'illuminent les rayons vivifiants du soleil.

Cette théorie fut poussée jusqu'aux dernières conséquences de l'absurde, car il y a dans la déraison un entraînement qui ne respecte rien, et qui fait que l'erreur, comme un scorpion, finit par se détruire elle-même. Non-seulement les dents d'éléphant trouvées dans mille carrières étaient des concrétions terrestres ; les vases du *Monte Testaceo* étaient eux-mêmes le produit des jeux de la nature ; c'était une fantaisie du créateur se préparant à se jouer de la crédulité des hommes qu'il devait produire plus tard.

A force de chercher Dieu partout, les théologiens et les physiciens qui suivaient leurs doctrines finissaient par ne plus rencontrer l'homme nulle part. L'Esprit, qui avait donné à Adam le souffle sacré de la vie, n'avait pas dédaigné de se faire décorateur et de lutter avec les ouvriers qui ont fabriqué les poteries romaines ou étrusques de nos musées !

Il fallut la robuste audace de Bernard de Palissy pour démontrer que les dépouilles d'animaux marins appartiennent bien à d'anciens habitants des mers. Ce fut un tour de génie que de faire comprendre que la force végétante des pierres n'avait produit ni coquilles d'ammonium, ni mâchoires de labyrinthodons, ni vertèbres de mastodontes.

Si l'on n'était point précisément hérésiarque par cela seul que l'on s'occupait de sonder ces mystères, il n'était point prudent de s'en mêler sans autorisation des puissances ecclésiastiques, et sans se conformer à leurs avertissements. Mais lorsque les théologiens ne purent plus douter de la réalité de ces découvertes, lorsqu'ils virent qu'il fallait obéir au mouvement scientifique, ils songèrent à s'assurer des moyens de le diriger.

Il durent donc accommoder avec l'authenticité des écritures ces théories qui, d'abord hostiles, avaient fini par n'être que suspectes, et qui devaient bientôt devenir les plus fermes soutiens de l'orthodoxie.

Bientôt ils déclarèrent solennellement que l'on venait de découvrir de nouvelles preuves pour corroborer l'authenticité des Ecritures battues en brèche par l'impiété. La géologie aida les gens bien pensants à remporter une de ces victoires qui montrent que si l'Eglise est infaillible, elle a des ministres et des interprètes qui ne peuvent guère se vanter de l'être.

Est-ce que le déluge de Noé, si consciencieusement décrit par la Genèse, n'explique pas surabondamment les traces que l'on rencontre du passage des eaux ? Est-ce que les vagues qui ont débarrassé la terre d'une race immonde n'ont pas en même temps entraîné ces débris dont les impies voudraient se faire une arme ? Si ces restes du déluge sont enfouis sous une des couches d'alluvions superposées, c'est que plusieurs milliers d'années se sont écoulées depuis la grande exécution par laquelle l'Etre-Suprême a vengé la majesté outragée de son Saint nom.

Sur cette idée l'on put dormir pendant quelques générations. Hélas, cet accord apparent n'était qu'un beau rêve, et malgré leur respect généralement très grand pour les puissances établies, les savants ne tardèrent point à reconnaître que la formation de couches de coquillifères de plusieurs centaines de mètres d'épaisseur avait occupé plus de temps que la navigation miraculeuse de l'arche. Vainement les géologues timides essayèrent-ils d'émousser la portée de leurs recherches, on fut obligé de reconnaître que les flancs des montagnes contiennent des couches alternées d'habitants d'eaux douces, et d'êtres vivants dans les eaux salées, des dépouilles d'animaux terrestres, et des troncs d'arbres qui n'avaient pas végété au fond des océans.

Les orthodoxes furent obligés de commenter de nouveau les livres qui contenaient, suivant eux, l'abrégé de toute la science future, et d'où l'on fait successivement sortir tout ce dont on peut avoir besoin, comme un professeur de magie blanche.

On n'eut pas de peine à trouver de nouveau des arguments formidables. N'est-ce point entretenir une idée indigne de la puissance de l'être omniscient que de supposer qu'il est condamné, comme un auteur vulgaire, à faire des ratures dans son œuvre? Supprimer des espèces déjà formées, n'est-ce point se déjuger soi-même, et donner par conséquent une triste idée de sa sublime prévoyance? On chercha donc à justifier le Dieu d'Isaac et de Jacob du reproche d'inconséquence, bien plus qu'à étudier la forme de ces êtres qui semblaient montrer que la légende des travaux d'Hercule et de Thésée pouvait bien être une réalité, et non pas une invention des poëtes.

Certes, si la science a quelques reproches à se faire ce n'est point d'avoir montré trop d'audace. On n'a pas à l'accuser d'avoir voulu prématurément révolutionner les croyances établies. Que de fois les grands-prêtres ou savants ont-ils imité les sénateurs romains; ne les a-t-on pas vus délibérer, eux aussi, pour décider à la sauce de quelle superstition il fallait assaisonner le poisson pêché par les Hipparque, les Archimède et les Hippocrate?

Si le Dieu de l'intelligence pouvait à son gré arrêter notre soleil, il aurait sans doute cédé plus d'une fois aux plaintes de nos petits Josués, mais comment empêcher qu'un maladroit sauvage n'ait laissé quelques débris de sa carcasse engagés dans les sables d'un diluvium! Vainement vingt conciles œcuméniques auront appelé les lumières de l'Esprit Saint sur tous les flambeaux de la chrétienté. Il suffit d'une molaire pour bouleverser une chronologie beaucoup plus sacrée que celle de Manétou.

Vainement on veut traiter l'humanité comme une vieille coquette, l'on s'aperçoit que l'on a négligé de tenir compte des mois de nourrice dans l'extrait de naissance que l'on a voulu faire signer par Dieu lui-même, et ces mois de nourrice sont un long bail de quelques cent mille ans.

CHAPITRE III

—

LES CIVILISATIONS ÉTEINTES

La bible de la nature n'est point tombée du ciel, comme tant de livres, dans lesquels on a cru successivement découvrir le secret de la création. Il serait peut-être plus exact de dire qu'elle a été vomie par l'enfer; car, comme nous l'avons fait remarquer, l'homme n'a même point eu la peine de briser les premiers sceaux ceux qui ferment les feuillets sur lesquels la terre semble avoir pris plaisir à écrire sa propre histoire.

L'action corrosive des eaux, les mouvements extraordinaires du sol, la chute des avalanches, le débordement des fleuves, mille accidents dont la description serait trop longue, ont ouvert les abîmes dans lesquels nous allons nous engager; mais il ne suffit pas, malheureusement pour déchiffrer ces caractères, d'admirer le génie de ceux qui ont eu le premier courage de jeter un regard furtif dans ces solitudes si peuplées de cadavres, si vivantes de souvenirs, si palpitantes de débris.

Il faut encore renoncer à l'aristocratique isolement dans lequel on veut tenir la race humaine, comme si, juchée au sommet de la création, elle pouvait, à elle seule, avoir occupé une des nuits de l'Être éternel et infini.

Généralement, on croit avoir fait un grand effort d'intelligence quand on se préoccupe des peuples antérieurs des Grecs et des Romains. Mais un exemple saillant nous permettra de montrer que nul ne peut se flatter de remplir le tonneau des Danaïdes de l'histoire; aucun prophète ne peut permettre de remonter assez avant le cours obscur des ans écoulés pour pénétrer jusqu'aux premières cataractes de l'éternité.

Au premier abord, le nouveau monde semble mériter son nom de toutes les manières possibles. Non-seulement il resta inconnu jusqu'à l'aurore de l'histoire moderne, mais le témoignage de son extrême jeunesse semble inscrit sur tous ses rivages. Les deltas qui obstruent les détours de ses fleuves ne sont encore que marécages, que districts à peine ébauchés. Si l'homme a trouvé moyen de s'y établir, d'y construire de splendides cités, c'est que son orgueil est trop ardent pour attendre que la nature ait terminé les préparatifs qu'elle avait à faire pour recevoir l'humanité. C'est qu'impatient de jouir, il se comporte comme si la terre salubre lui faisait défaut dans un monde plus achevé.

Lorsque les Espagnols débarquèrent, ils ne trouvèrent que quelques misérables sauvages errant au milieu de forêts impénétrables. Ces malheureux ne semblaient avoir, en aucune façon, reçu la mission de peupler réellement ces solitudes. On aurait dit que leur rôle providentiel se bornait à protester contre le silence, à montrer aux conquérants, venus d'un monde où les peuples civilisés étouffaient, que tout l'univers était habitable.

Ce que l'on pourrait en quelque sorte appeler la civilisation américaine était encore réfugiée dans les parties montagneuses.

Les seules tribus qui méritassent le nom de nation étaient encore assez voisines de l'état primitif pour fuir, le plus loin possible, du contact des flots, car ce serait une grande erreur de croire que l'homme se réveille de son sommeil avec l'ambition de dompter l'Océan. C'est à force de contempler les vagues qu'il s'habitue à l'idée de les dompter. Si la navigation est un des arts les plus anciens, c'est sans doute parce que plus d'une fois les hommes les plus attachés à la terre ont dû devenir marins malgré eux. S'ils ont quitté de vue les côtes, c'est qu'un ouragan les a entraînés loin des rives de leur patrie. Qui ne se rappelle les terreurs des compagnons de Colomb, poussés par la soif de la gloire, et n'échappent pourtant pas au commun effroi? Les futurs conquérants d'un vaste hémisphère arrivèrent tout tremblants en vue des côtes qu'ils ne devaient pas être longs à épouvanter à leur tour par leurs crimes.

On peut à peine dire que la victoire fut aux plus braves, ce serait plus exact de croire qu'elle appartint à ceux qui tremblèrent le moins fort.

Malgré leurs monuments et leurs lois, et leurs arts, il n'y avait certainement pas un siècle que les Incas avaient découvert le Pacifique lorsque Pizarre vint abuser si cruellement de leur bonne foi. Les dieux impitoyables de Mexico ne savaient même pas qu'ils pouvaient déchaîner leurs sacrificateurs contre le trop confiant Athualpa.

La première fois que les Aztèques et les descendants de Mango Capac allaient être rapprochés, ce devait être par une commune infortune, une commune persécution.

Toutes les fois que l'on remue la poussière des siècles, on voit surgir des sociétés oubliées réclamant leur part dans les annales de l'humanité. Les premiers voyageurs qui explorèrent les baies impénétrables du Yucatan se préparaient à étudier des déserts, mais quelle ne fut pas leur surprise ! Les temples que les récits des *Conquistadores* nous montrent entourés d'une auréole de poésie et de grandeur, étaient moins dignes d'admiration que ceux qui étaient déjà tombés en ruines à l'époque du débarquement de Cortez.

La virginité des forêts ne semble être, en réalité, qu'un piége tendu à notre crédulité, et celle des prairies elles-mêmes, souvent n'est pas moins mensongère.

Les colons Yankees ont trouvé que les grandes herbes de l'ouest cachaient de singuliers monuments. Ils découvrirent d'immenses collines, longues de plusieurs milliers de pieds et auxquelles des archi‑tectes inconnus avaient donné la forme de différentes espèces d'animaux.

Quand des industriels songèrent à explorer les puits d'huile du Canada, ils ne tardèrent pas à s'apercevoir qu'on ne décrouvrait rien, qu'on ne faisait que retrouver ce que des gens déjà civilisés avaient découvert et exploité bien des siècles avant que les premiers Européens ne débarquassent dans le pays des Hurons et des Iroquois.

A peu près à la même époque, des géologues trouvèrent, sur les bords de ces mêmes lacs, de très riches mines de cuivre, supérieures, peut-être, à celles de l'Australie, qui sont, comme on le sait, les plus riche du monde.

Il semble que la main de l'homme n'a jamais pénétré dans ces districts éloignés. La surface de la terre est ombragée par d'impénétrables futaies ; les chênes, coupés transversalement, montrent plusieurs milliers de couches concentriques, cicatrices d'hivers glorieusement supportés. On croit tenir enfin sous le pic un sol tout à fait primitif, qu'aucune main humaine n'avait jamais fouillé.

Tout d'un coup, les outils échappent aux mineurs, qui poussent un cri d'épouvante. D'autres travailleurs se sont levés avant eux dans la nuit des temps, et les ont devancés de quelques milliers d'années.

D'immenses galeries, fruit de plusieurs siècles de labeurs, ont été creusées à main d'hommes à plusieurs pieds au-dessous du sol verdoyant de ces solitudes que le pied du buffle et de l'aurochs semble avoir seul foulé, car les outils sont encore restés à la place où les travailleurs inconnus qui ont exploré ces filons les ont jadis abandonnés ; on voit les blocs détachés de la masse métallifère et placés sur des rouleaux, ils attendent depuis des milliers d'années le bras qui est venu terminer l'œuvre si mystérieusement commencée, et plus mystérieusement encore inachevée !

Par suite de quelles circonstances des hommes de notre âge peuvent-ils profiter de ce labeur de peuples aussi ignorés que s'ils eussent habité une autre sphère? Ici ce n'est point la nature qui est coupable d'avoir interrompu ces laborieux ouvriers, car aucune secousse n'a ébranlé les couches dans lesquelles ils travaillaient. On voit encore la terreur panique, la fuite précipitée devant des concitoyens armés dans quelque guerre civile, des barbares peut-être venant étouffer l'essor d'une civilisation dont il n'est resté d'autres débris que des travaux souterrains.

Athènes et Rome ont à peine le droit de se plaindre de la rigueur de leur sort, car les Muses ont réparé largement envers elles l'injustice des destins. Quoique moins bien traitées, Palmyre, Ninive et Babylone n'ont point péri tout entières. Carthage et Troie elles-mêmes ont en partie survécu à la chute de leur mère-patrie. La mémoire des hommes entend encore un écho de leur puissance, contemple encore un reflet de leur gloire.

Mais qui pourrait alléger l'infortune de ces peuples, parias de la renommée, dont l'empire étouffé entre deux mystères, a passé comme un éclair entre deux nuages, et qui n'ont point laissé, derrière les siècles de leur puissance, l humble trace de leur nom.

Si l'on voulait refaire le livre de Volney, on le verrait bientôt devenir une encyclopédie à laquelle nul Champollion ne saurait se vanter d'avoir ajouté le premier chapitre.

On trouve tant de choses à étudier sous terre, que nos volages académiciens peuvent constamment errer à la recherche de nouvelles antiquités.

Voilà que la langue de Sésostris est vaincue par celle de Sardanapale, et que la gloire de Sémiramis conduit à l'immortalité ou au moins au grand prix de nos académies.

On ne trouverait peut-être pas un seul pouce de terre qui n'ait été bouleversé par cent catastrophes ayant interrompu brusquement le règne de la raison. Il sortirait des monuments de tous les déserts, des villes de tous les lacs, des palais de tous les buissons, si nous avions la puissance de crier à tous ces mondes éteints : « Allons, relevez-vous. »

Au jour du jugement dont parle la légende, il faudra choisir une scène plus vaste que notre terre, si les corps renaissent en substance, la même chair devra servir à beaucoup de locataires, qui l'ont vue figurer successivement dans leurs cadavres. Qui sait si ces mêmes molécules n'ont pas servi à Socrate, puis à Lacenaire en passant par quelque saint canonisé? Peut-être la substance des os qui manquent dans les reliquaires a-t-elle été plus d'une fois conduite à la roue, au bûcher, à la potence.

Horreur et damnation! quelques inquisiteurs ont bien pu avoir dans leur crâne quelques morceaux de cervelle de damnés, quelques brins de bandits qui n'étaient même pas baptisés!

Vos Lamartine n'auraient point assez de larmes s'ils entreprenaient de pleurer sur le sort de toutes les civilisations déchues. Heureusement c'est une commode promiscuité que celle du sépulcre. Béni soit le linceul banal qui couvre pêle-mêle Celtes et Romains, Kymris et Gaels, bourreaux et victimes, héros et scélérats.

Mais ce n'est pas tout de savoir que la fosse commune a dû engloutir mille nations superposées; ce n'est pas tout, il faut encore comprendre que la plupart de ces peuples ne sont même point coupables d'avoir laissé choir leur nom de l'histoire. N'oublions pas qu'il fut un âge où les héros ne pouvaient avoir l'espérance de faire parler d'eux après leur mort, car si leurs hauts faits étaient voués sans rémission à un oubli éternel, c'est que l'on n'avait point encore inventé de termes pour les énumérer; car à peine savait-on en parler de leur vivant.

C'est évidemment faute de mots pour raconter leurs exploits que les premiers grands hommes ont passé sur la terre, comme des ombres muettes et silencieuses.

L'invention des premiers vocables a dû être une insurrection contre un juste oubli. Tous les infinis se ressemblent; que nous sondions le fleuve de la vie, que nous sondions les abîmes de l'étendue, nous arrivons toujours à rencontrer, au bout de notre science, le mystère, l'inconnu, l'incompréhensible.

Voilà un point, un atome, qui brille dans le ciel; avec un télescope plus parfait nous y verrons un chapelet de soleils. Regardons bien ce morceau de poterie, cette brique à peine cuite, ce morceau de silex que le temps a consacré, et nous y découvrirons un abrégé de l'histoire d'une population industrieuse. Une poignée de poussière façonnée par la main de l'homme nous met en communication avec l'humanité naissante. Une hache se rencontre par hasard au milieu de cailloux roulés et c'en est fait du paradis. Beaux rêves de l'âge d'or, image chérie de l'innocence primitive, remontez au ciel dont vous êtes trop tôt descendus. L'homme n'a pas l'honneur de vous avoir perdus. Ce demi-ange déchu n'est après tout qu'un affreux quadrumane à moitié réformé. Il n'a rien à regretter, hélas! car il lui reste, à ce malheureux singe parvenu, beaucoup plus de sa condition bestiale, que vous ne lui accorderiez de parcelles de l'esprit des chérubins.

Nous ne voltigeons plus de branche en branche comme nos ancêtres, mais nous vivons encore suspendus sur un abîme beaucoup plus profond. En effet, comment notre esprit pourrait-il échapper au doute quand il ne peut le plus souvent répondre à un pourquoi que par un comment. Aussi nous sautelons toujours de théorie en théorie, de croyances en croyances, et il y a encore beaucoup du singe dans notre manière de raisonner.

CHAPITRE IV

—

Si l'histoire naturelle avait commencé par trouver un Socrate capable de dire aux philosophes : « Si vous voulez connaître l'univers matériel, commencez par vous connaître vous-mêmes, » la science de la nature aurait certainement accompli des progrès qui lui ont été interdits; car il est évident que l'on ne saurait connaître les lois de l'évolution des êtres sans comprendre le rôle joué par celui qui couronne l'édifice de la création, c'est-à-dire par l'homme, pour lequel la nature semble avoir successivement épuisé tous ses artifices.

Malheureusement, la science de l'homme matériel ne semble née que d'aujourd'hui, et le terme même d'anthropologie dont on se sert pour la désigner ne semble inventé que d'hier.

Ce n'est pas que l'homme soit assez peu curieux de ce qui intéresse son existence corporelle pour s'inquiéter médiocrement de ce qui se passe dans son organisme ; mais l'anatomiste se trouve bien moins favorisé que le philosophe. Il n'est pas étonnant qu'il ait fallu deux mille ans de recherches pour que la méthode socratique, inventée à propos de la conscience, soit appliquée systématiquement aux différentes fonctions de la vie animale.

En effet, la philosophie a offert une bien moins large prise à la persécution ; même dans les contrées soumises au joug du despotisme le plus avilissant, la raison n'a cessé d'être cultivée par quelques penseurs solitaires. La force matérielle n'a même pas toujours la force d'interrompre la méditation qui se continue malgré la crainte des supplices, et que les cachots eux-mêmes ne font souvent que favoriser.

Mais il n'y a pas longtemps que l'on interdisait de disséquer les cadavres, même dans un pays où l'on a proclamé depuis des siècles la liberté de la conscience, et par conséquent de la pensée. Nous sommes presque contemporains de l'époque où des assassins pouvaient s'enrichir en tuant des mendiants, afin de trafiquer de leur dépouille et de vendre leur squelette aux anatomistes.

Il n'a jamais été bien difficile d'exciter les populations ignorantes contre les penseurs qui méprisent les préjugés vulgaires ; mais combien n'a-t-il pas été plus aisé de dénoncer les hommes d'étude dont le scalpel ne respecte ni la vierge ni l'enfant, et qui ne reculeraient pas devant le plus grand des crimes aux yeux des populations primitives, celui de violer les sépultures ?

Il faut encore faire appel, au moins dans une certaine mesure, à la raison lorsque l'on veut la diriger contre les philosophes, mais pour exciter la fureur populaire contre les hommes qui étudient les lois de la nature, il suffit de montrer quelques crânes brisés. Un torse mutilé, un peu de chair putréfiée, des traces de sang, et les masses sont déchaînées !

Le plus grand des arts, le seul digne des princes, est certainement de faire des cadavres. Comment se fait-il que le plus ignoble, le plus odieux de tous soit celui de les utiliser au profit de la science et de la raison ?

O profanation ! ô scandale ! Approcher le scalpel de membres insensibles, ne pas respecter des tissus dont la décomposition est le plus souvent commencée !

Pourquoi donc l'humanité ne s'exerce-t-elle donc qu'au moment où l'être a fini de souffrir ?

L'amour des animaux peut faire aussi bien fausse route que la philanthropie ; il est susceptible d'errer, ce sentiment de charité tellement universel, qu'il distingue à peine des êtres intelligents et des animaux essentiellement privés de raison. Cette belle charité désordonnée se donne garde de s'exercer sur les bœufs, les béliers et les porcs, que les éleveurs d'Angleterre mutilent de mille manières différentes. Elle respecte les loisirs des grands, faisant dévorer les renards et les cerfs par leurs meutes impitoyables, mais elle envoie des ambassadeurs pour interdire à la science de pénétrer les secrets de la vie en sacrifiant quelques êtres au salut commun de tous.

Moins de pitié pour les bœufs, mais un peu plus pour les hommes ; alors le monde n'en ira pas plus mal. Si nous avons des larmes à verser, il ne manquera jamais de nobles causes pour utiliser notre sensibilité.

Singulière humanité que celle qui commence à reconnaître un frère au moment où il est trop tard pour lui donner une preuve d'affection et d'amour ! Etrange contradiction ! La protection s'exerce lorsque l'en-

veloppe n'a plus rien à craindre, car le souffle qui l'habitait a cessé
de souffrir ; on n'a jamais hésité bien longtemps à sacrifier les hommes
les plus illustres lorsqu'un prétendu salut des peuples semblait l'exiger,
mais on craint de fouiller dans les restes de ceux que la mort aura en-
levés ; naturellement, on croirait manquer de respect à leur dépouille
en observant leur cerveau. Il faut encore se contenter, la plupart du
temps, d'étudier les circonvolutions des hémisphères cérébraux où
le crime fut conçu, où les suggestions de la misère se sont répercu-
tées ; servir aux intérêts de la science est considéré comme un supplé-
ment de pénalité, comme un surcroît d'expiation. Le peuple a peut-
être plus horreur du scalpel que du glaive de la loi. La foule ne se
presserait pas dans nos amphithéâtres de dissection comme autour de
l'échafaud, et les mystères de la science n'ont pas le même attrait
que le dernier acte d'une vie tragiquement terminée.

Aussi la *Société des Observateurs de l'homme* qui fut fondée à Paris,
au commencement de ce siècle, doit-elle être considérée comme ayant
été l'objet d'une tentative prématurée ; car elle fut bientôt obligée de
cesser ses réunions, que le public désertait.

Il y a cinq ans seulement que la société d'anthropologie vint enfin
populariser en dehors de la profession médicale, les études trop longtemps négligées. Il fallait attendre jusqu'à ce jour, que n'ont vu luire
ni Geoffroy Saint-Hilaire ni Gœthe, pour proclamer que le groupe humain doit être considéré comme l'objet d'une science nettement défi-
nie. Magnifique réponse à ceux qui prétendent que l'on a voulu avilir
la créature intelligente et la rabaisser au niveau de la brute, en l'étudiant comme l'on aurait fait d'un simple mammifère.

Nous ne cherchons plus à faire trôner notre race dans un majes-
tueux isolement, comme un intermédiaire entre l'animal et Dieu ; excès d'orgueil qui conduisait à nous abaisser malgré nous, en proportion des efforts que nous faisions pour rehausser notre origine ; mais
nous nous relevons involontairement en voyant le peu que la nature
avait fait pour nous, et ce que nous sommes parvenus à faire de nous-
mêmes, pour nous mêmes. Ayons l'égoïsme de ne travailler que pour
l'humanité, et nous serons amplement récompensés de nos efforts.

Débarassé des idées préconçues qui voilaient les lumières de la
science, nous sommes à même d'apprécier sainement les innombrables
modifications que l'action des agents extérieurs introduit dans le caractère des races et dans l'organisme des animaux.

L'étude de la dépouille des êtres qui ne sont plus fera comprendre
qu'il y a une loi de génération pour les espèces supérieures, aussi bien

que pour les espèces les plus humbles, et que malgré nos prétentions
à constituer un règne à part, nous n'échappons en aucune façon aux
règles générales de la nature.

Nous avouons qu'il fallait de grands efforts d'intelligence pour arriver
à reconnaître que les phénomènes de la transmission héréditaire des
vices et des vertus sont aussi peu arbitraires chez nous que chez les
animaux que nous destinons à figurer sur nos tables et que nous éle-
vons pour l'abattoir. Si notre orgueil hésite encore aujourd'hui à contempler dans nos écuries et dans nos étables, l'image de ce qui se
passait plus près de nos foyers, c'est que la complexité de l'être humain rendait les phénomènes physiologiques d'une perception singulièrement difficile dans le cas de l'homme.

D'abord les idées morales ou religieuses attachées aux croisements
d'inand in, viennent interdire d'appliquer à l'homme le plus puissant
moyen dont les éleveurs puissent se servir pour fixer l'hérédité. Puis
l'homme est un animal tellement mobile, tellement impressionnable,
que l'intelligence peut arriver jusqu'à transformer les sensations,
créer des états spéciaux d'insensibilité, et bouleverser toutes les indications dont se contenteraient de simples vétérinaires.

Si les études dont la machine animale peut être l'objet sont la base
de l'anthropologie, elles ne suffisent point pour arriver au couronnement de l'édifice par des expériences systématiques sur des animaux.
Ainsi, qui oserait se flatter de déterminer, par des expériences positives, les règles logiques qui doivent présider à l'union des sexes ?
Croit-on franchement que des magistrats analogues à ceux que les
mormons ont établis dans leur république polygamique s'acquitte-
raient de leur mission d'une façon bien satisfaisante ? Trouverait-on
en réalité les moyens de produire l'homme libre et raisonnable en suivant les traces des créateurs de la race Durham.

Laissons aux casuistes le soin de poursuivre de ridicules études sur
les cas matrimoniaux, qui ne sont point du ressort d'une société d'anthropologie, cependant faut-il déclarer que la formation rationnelle
de l'homme doive rester en dehors de la science positive de l'homme.

Si les membres de la Société d'*anthropologie* avaient une conscience
plus nette de l'étendue de leur mission, ils feraient déjà profiter l'opinion de précieux renseignements sur l'influence des milieux, sur l'amélioration progressive des types humains. Est-ce qu'ils ne verraient point,
par exemple, que le caractère bestial de la physionomie des populations primitives va en s'effaçant à mesure que la civilisation se développe. N'est-ce point à eux qu'il appartient de déterminer en

quelque sorte expérimentalement, l'étendue de cette réaction inces-
sante du milieu social sur les générations naissantes, sur la matière de
l'éducation future. Elle aurait sans doute l'honneur de prouver, les
crânes de nos ancêtres à la main, que l'aisance poétisée par l'art, le
bien-être moralisé par l'intelligence, le développement intégral des facultés harmoniques sont les topiques que les éleveurs d'hommes doivent
employer pour créer des races de citoyen.

Un philosophe peu connu, mais éminent, a dit que la nature a fait
beaucoup pour l'homme, qu'elle l'a conduit aussi loin que pouvait le
faire *l'ère des progrès spontanés*. C'est à nous seuls qu'il appartient de
couronner l'œuvre des forces inconscientes, et de mettre le sceau à
notre bonheur en inaugurant l'époque de la culture systématique de la
raison et du progrès. — Voilà encore une grande vérité morale que
les anthropologistes n'auront pas de peine à mettre en évidence. En
effet, est-ce qu'ils ne retrouveront pas dans les couches inférieures du
milieu social des hommes dignes d'appartenir à la race *brachycéphale*,
des malheureux presque intermédiaires entre l'être humain normal et
son humble voisin !

Ajoutons que l'organisation de la Société d'anthropologie n'aurait pu
être définitive si les théories d'Auguste Comte n'avaient préparé les
voies à cette dernière application de la méthode scientifique ordinaire
à l'étude de l'être social.

CHAPITRE V

—

LES GÉANTS

La coalition de tous les intrigants et de tous les ignorants du monde n'a jamais eu la puissance d'arrêter le char de la raison. Cent conciles des évêques de la haine, des cardinaux de l'orgueil et de la suffisance n'arracheraient pas l'homme aux sciences positives qui s'en sont définitivement emparé. Mais quelques conciliabules d'un petit nombre de savants dévoués au progrès des sciences naturelles ont suffi pour provoquer des découvertes qui ne périront jamais. Si le mot de miracle ne devait être banni du vocabulaire scientifique, il devrait peut-être s'appliquer à la trouvaille d'un os, où nos chiens n'auraient rien à ronger, quoiqu'il y reste, paraît-il, un peu de gélatine.

C'est le dégoût du temps présent qui a créé les anges, les archanges, les séraphins ; tous les êtres qui entourent le Très-Haut d'un éternel concert de louanges n'auraient pas été installés dans l'Olympe de la mythologie chrétienne, si le génie des prophètes n'avait voulu protester contre la corruption des flatteurs, de l'entourage qui encombrait déjà la cour des rois.

Les géants sont aussi fils d'une protestation sublime contre la petitesse des grands. Vous êtes fiers de votre intelligence et de votre raison, orgueilleux fils d'Adam, mais vous n'êtes que des pygmées ; vos ancêtres vous dépassaient non-seulement en sagesse et en vertu, mais encore en force, en stature et en longévité. Le monde, jeune encore, produisait des géants, et les débiles fruits de sa vieillesse finiront par n'être que des nains; vous êtes nés mille siècles trop tard, pour que nous admirions votre taille.

La croyance à l'existence des géants était pour le moins aussi généralement répandue que la foi dans la puissance d'un être supérieur revêtu d'une forme personnelle. Si le *consensus omnium*, qui n'est trop souvent que le suffrage universel de l'ignorance, pouvait être considéré comme une démonstration suffisante, on devrait pour le moins interner les insensés qui se permettraient d'émettre un doute. On devrait exiger de tous les auteurs autorisés à enseigner la vérité aux générations naissantes qu'ils citent, sans trop rire, toutes les histoires étranges que l'on a débitées sur les hommes montagnes.

Admirons la fécondité de la nature qui sut produire en se jouant des êtres privilégiés dont la force est si prodigieuse, qu'ils pourraient lutter à eux seuls contre tout un peuple, illustres insurgés qui ont failli triompher des dieux eux-mêmes. Sans un miracle, Jupiter lui-même était sans doute perdu. .

Non-seulement la tradition est unanime, comme nous l'avons constaté, mais dans mille contrées différentes on montre encore les œuvres que les siècles ont été obligés de respecter. Voilà les cirques qu'ont construits les puissantes mains des frères d'Encelade, des collègues de Polyphème ; à côté de ces monuments étranges s'élèvent encore les colonnes qu'ils ont pris la peine d'édifier ; un peu plus loin, se trouvent même les cavernes qu'ils ont creusées.

Est-ce que nous aurions déjà oublié leur histoire, que racontent en détail toutes les mythologies du monde civilisé et barbare? Ne savons-nous pas que, terrassés et vaincus par les puissances célestes, ces réprouvés se dressent encore contre le Dieu qui les frappe. Peut-être sont-ils complices des volcans, leur bras ébranle les fondements de la terre ; quoique enchaînés par Jupiter, ils ouvrent sous nos pas des abîmes inconnus.

Leurs noms figurent dans toutes les chroniques sacrées ou profanes ; Moïse en parle aussi bien qu'Ovide, Homère et Hésiode. Le paganisme développe avec orgueil les exploits des Titans, la tradition orthodoxe ne se borne point à raconter la mort de Goliath.

Plus d'un pieux commentateur occupa les loisirs du cloître à recueillir les histoires qui ont servi sans doute de modèle aux légendes de Perrault, et pour la lecture desquelles nous renvoyons aux gigantologies.

Malheureusement, la science ne fait grâce à aucune illusion, même à celles qui plaisent à la papauté ; s'il n'y a pas, comme on l'a fait remarquer, de routes royales dans son empire, il y a encore bien moins, comme nous allons essayer de le faire comprendre, de routes sacerdotales dans le pays de la raison.

L'on ne tarda point à s'apercevoir, malgré Ovide et la Bible, que les cirques gigantesques, dont les dimensions font pâlir celles des monuments consacrés aux plaisirs du peuple romain, n'ont point été taillées par des myriades d'esclaves guidés par quelques architectes intelligents. C'est la nature qui a sculpté ces amphithéâtres dans le flanc même des montagnes. Les vagues de l'Océan, qui ne sauraient avoir l'ambition de montrer le moindre sentiment d'harmonie, ont successivement laissé ces cicatrices circulaires, c'est là que se trouvaient les rivages qui changeaient de niveau chaque fois que le sol s'exhaussait ou s'abaissait.

Jamais poëte n'aura rêvé peut-être une création aussi grandiose que ce travail exécuté par les vagues inertes, collaborant avec des vents inintelligents. Si elles sont parvenues à construire ces gradins, dignes non du peuple-roi mais de l'Apocalypse, c'est que vingt ou trente fois la terre s'est ébranlée pendant qu'elles continuaient, impassibles, à obéir aux mêmes orages; elles croyaient sans doute se briser contre les mêmes falaises. Il n'a fallu rien moins qu'un cataclysme modifiant le niveau des mers pour que le flux et le reflux creusent chacune des trente assises de ces amphithéâtres où les dieux d'Homère n'auraient pas dédaigné de s'asseoir. Trente fois, le monde a dû être bouleversé pour que les voyageurs qui parcourent la Sicile puissent croire aux fables que les poètes ont débitées.

Dans la Nouvelle-Zélande, on retrouve des cirques construits avec des dimensions non moins colossales, non moins surprenantes, que ceux de notre grande île italienne.

Ils ne possèdent peut-être pas un moindre nombre de marches, et leurs différentes marches n'ont pas mis moins de temps à se creuser, car la nature n'a pas eu plus de raison pour se hâter dans le Monde austral, que dans l'hémisphère boréal. Le temps lui appartient sous les cieux de la Croix du Sud, comme sous ceux de l'Ourse.

Évidemment elle ne craint aucunement de prostituer ses merveilles en développant sa puissance devant de pauvres sauvages radicalement incapables de la comprendre. Tous les hommes sont égaux devant elle, et elle traite les Maoris avec autant de faveurs que les Grecs du siècle de Périclès.

Elle n'a, en effet, qu'un moyen d'être observée dans quelques rares endroits avec un peu de curiosité, c'est d'être partout merveilleuse ; elle a dû revêtir toute la terre d'une parure adorable afin de rencontrer çà et là des yeux assez intelligents pour admirer les œuvres qui sortent de ses mains ; son divin subterfuge c'est d'être aussi prodigue sous les pôles qu'à l'équateur ; au milieu des sables que le long des fleuves, dont les rives sont toujours baignées par une humide rosée.

S'il était nécessaire, nous montrerions les endroits des encycliques et des écrits des Pères, où l'on érige en article de foi la croyance à l'existence des géants dont la tradition biblique ne saurait se passer. Aussi les autorités ecclésiastiques apprirent-elles avec ravissement, vers le milieu du siècle dernier, qu'on avait retrouvé les restes de ces hommes prodigieux dont les impies persistaient à nier la réalité.

Le premier squelette qu'on découvrit en France fut celui du fameux Teutobocchus, roi des Cimbres, qu'un Marius seul devait avoir la force d'enchaîner. Des spéculateurs remplirent leur escarcelle en montrant ces muets témoignages de l'antique vigueur de notre race déchue. Encore quelques exhumations et l'on allait peut-être être condamné sous peine d'excommunication, à s'agenouiller devant ces illustres ossements.

Mais la géologie, aidée cette fois de l'anatomie comparée, vient encore se jeter à la traverse.

Vainement on avait découvert à Trapani le fémur gigantesque du fameux Polyphème; vainement les habitants de Lucerne avaient représenté sur leur bannière le portrait imaginaire d'un squelette de quinze pieds de haut dont ils avaient retrouvé les ossements;

Vainement des reliquaires avaient donné l'hospitalité à des tibias extraordinaires exposés dans des châsses d'or à la vénération du pauvre peuple chrétien;

Les curieux avaient perdu leur argent, les docteurs avaient gaspillé leur grec et leur latin, les Lucernois n'avaient point été heureux dans l'emblème de leur patriotisme; les dévots avaient mal placé leurs *orenius*. Teutobocchus n'était qu'un éléphant, le géant de Lucerne qu'un pachyderme, saint Christophe sans doute quelque affreux lézard volant.

Peut-être, disait un philosophe sceptique, est-il trop souvent permis d'expliquer par des erreurs de cette nature le peu de cas que Dieu semble faire des ferventes prières. Qui aurait le courage de se plaindre en songeant au peu de mérite des intermédiaires que les prêtres ont plus d'une fois choisis?

Jetons un voile sur toutes ces impostures. L'intention est comme le feu, elle purifie tout ce qu'elle touche, elle ne saurait manquer de sanctifier la prière. Priez donc, femmes pures et craintives, serait-ce devant un affreux fétiche, le délicat parfum de vos âmes tendres ne saurait s'exhaler en vain.

Mais reconnaissons que nous avons commis une double erreur, nous croyons descendre d'un être presque semblable aux anges, et voilà qu'un quadrumane réclame la paternité de la race des bipèdes. Nous pensions nous rejeter sur la stature et voilà que cette maigre consolation nous échappe. Les géants, dont, malgré nous, nous étions si fiers, n'ont jamais promené leur haute taille dans les champs du monde primitif.

Si nous tenons à croire que nos ancêtres avaient une stature même pareille à la nôtre, nous devons nous garder de fouiller avec trop de soin la terre ; car nous ne tarderions sans doute point à être convaincus de descendre non de géants mais d'affreux pygmées. Les traditions des anciens peuples semblent presque toutes mentionner à regret le nom de nations remarquables par la petitesse de leur taille, et auprès desquelles les Lapons seraient de véritables Patagons. On ne se vante pas de ces ancêtres-là.

Laissons donc glisser l'histoire sur des êtres sans doute pareils aux populations naines qui habitent encore actuellement les îles Adaman. Détournons la tête, si nous avons horreur de sauvages d'un mètre de haut, dont toute la civilisation se borne à s'enduire le corps d'une boue rougeâtre pour éviter la piqûre des moustiques, et qui n'ont d'autre abri que l'ombre d'une feuille de cocotier.

Même dans le Nouveau Monde nous retrouverons les Myrmidons de la mythologie grecque ; ces nains nous poursuivent partout. Leurs tombes surgissent non point par unités comme celles des géants, mais par myriades. En général, on remarque que les plus petits vivants sont les plus grands bâtisseurs de sépulture. Les hommes ne laissent que des pyramides, les coraux forment des îles, les foraminifères microscopiques construiront des continents entiers.

Les plaines encore incultes du Kentucky et du Tennessee recouvrent depuis des siècles de mystérieux cimetières, qui ont dû être peuplés par d'innombrables légions de cadavres. Le voyageur épouvanté marche des heures entières en foulant des cercueils en pierre, cachés par une couche épaisse de terre noire, que les végétaux ont accumulée depuis que ces sépulcres se sont refermés pour la dernière fois. Ces monuments funéraires sont construits avec un soin digne de peuples qui avaient horreur de la communauté du charnier, et pour qui l'édification d'un tombeau était la plus grande affaire de la vie.

Etant restés en dehors du Cosmos, qu'ils n'ont jamais pu comprendre, ils croient pouvoir isoler leur dépouille du grand tourbillon éternel et infini ! Devons-nous enseigner, comme certains archéologues, que ces nations de fossoyeurs ignoraient l'art de proportionner leur dernier vêtement à leur stature, car aucun de ces cercueils de pierre n'a une longueur supérieure à celle d'un mètre ?

Devons-nous, comme certains philosophes de l'autre côté de l'Atlantique, supposer que ces cités funéraires sont des cimetières d'enfants, ce qui serait peut-être acceptable, si l'on admettait que les enfants ont eu la complaisance de mourir tous au même âge ?

Soutiendrons-nous que la proclamation des droits des morts a devancé de quelques milliers d'années ceux des vivants, et qu'une démocratie, avide d'égalité posthume, taillait tous ses grands hommes à la hauteur des nains dont les cadavres pourraient seuls avoir pourri à l'aise dans ces sarcophages ?

Quoique le temps ait dévoré tout ce qui fut confié à cette terre autrefois si peuplée ; quoiqu'il n'ait pas épargné un seul ossement, le moindre crâne, le plus petit fémur, le plus léger tibia, nous ne craindrons pas de reconnaître dans ces sépulcres étroits, les tombes de nations qui avaient taillé leur dernier vêtement à leur taille.

Nous avons bien vite pris parti de notre déchéance, et la fable de la pomme n'a jamais paru bien difficile à admettre. Mais on trouvera toujours la démonstration incomplète quand elle compromettra la noblesse de notre origine. On ne pourrait mieux comparer nos naturalistes officiels qu'à des Gauthier d'Hauterives, cherchant à nous donner une noblesse factice de quelques centaines de quartiers.

Heureusement, les exagérations dont certains sectaires ont pris la responsabilité, n'empêchent en aucune façon que les Romains d'Herculanum et de Pompéi aient laissé des sandales de fer qui seraient énormes pour nos paysans les plus vulgaires. Ce n'était sans doute point parce que l'orgueil des maîtres du monde consistait à augmenter la surface de contact de leurs pieds avec le sol, que les Romains étaient si largement chaussés. Comme leur taille n'était pas plus haute que la nôtre, cette différence tenait probablement à un plus grand développement des extrémités inférieures. C'est sans doute que la nature avait senti le besoin de leur donner une base de sustentation plus large que la nôtre ; mais, depuis l'âge de Néron et de Caligula, les hommes ont appris à marcher droit avec moins de difficulté. Si le dogme nouveau de l'amélioration progressive de l'espèce a donné lieu à quelques espérances puériles, à des rêveries ridicules, comme l'idée d'un membre surnuméraire, ce n'est pas une raison pour le rejeter. Car l'ambition d'avoir un Dieu pour père ou au moins pour parrain, a fait débiter bien d'autres absurdités. S'il est peu logique de croire que le développement de l'espèce permettra à nos descendants de s'apercevoir trop facilement de ce qui se passe derrière eux, il n'est guère plus raisonnable, sans doute, de croire que l'homme ait perdu une côte à la fabrication de la compagne de ses travaux.

CHAPITRE VI

—

GROTTES ET CAVERNES

Roulés, contournés, rompus par mille convulsions soudaines, boursouflés par mille accidents contradictoires, les terrains stratifiés laissent de toutes parts une foule de lacunes, de vides, de cavernes. C'est dans ces repaires que les hommes ont sans doute trouvé leur premier abri. Car ils pouvaient à la fois s'y défendre avec avantage contre les rigueurs de la saison et contre les attaques des animaux.

Voilà une nef immense qui semble l'œuvre de plusieurs générations d'architectes et qui n'est que la conjuration d'une multitude de gouttes de pluie cherchant à fonder quelque chose de durable. Chaque perle distillant dans l'atmosphère a laissé tomber un atome, a déposé un élément cristallin sur la masse qui suspendue brave la brutale attraction. L'éternité n'a pas toujours pris le temps de mettre la dernière main à la sculpture de ces socs ; ces chapiteaux, stalactites ou stalagmites semblent arrêtés dans leur croissance, car les vieillards ne les ont pas vus grossir, tellement leur marche est lente ; cependant, elles marchent depuis si longtemps que les piliers de plusieurs centaines de mètres de hauteur ont été achevés. Ces gigantesques colonnes viennent donner à l'homme l'ambition des portiques et des cathédrales ; en admirant ces prodiges d'un art spontané, il s'écrie : et moi aussi, je suis architecte !

Malheureusement pour notre éducation artistique, ces cavernes sont le plus souvent encombrées par les débris de voûtes gigantesques éboulées, de piliers qu'un caprice de volcan a renversés. L'entrée de ces réduits étroits, humides et malsains laisse à peine pénétrer quelques reflets de lumière diffuse ! Tout glace les sens, tout écrase l'imagination, tout arrête les battements du cœur dans ces affreux repaires. Les malheureux qui y cherchaient un précaire asile n'avaient pas le loisir nécessaire pour s'inquiéter du passé.

Peu leur importait de savoir ce que contenait la poussière sous laquelle reposaient leurs membres épuisés. Est-ce que des peuples qui devaient à peine balbutier quelques mots informes pouvaient ressentir l'ambition d'interroger la nature ?

Lorsque les hommes eurent appris l'art de se construire des demeures aériennes, ils eurent horreur de ces ténèbres, et les abandonnèrent pour faire place aux morts dont ils commencèrent sans doute à pleurer la perte et à honorer les restes. Les dépouilles des premiers hommes qui reçurent les honneurs de la sépulture, s'entassèrent donc sur des débris qui devaient attendre des milliers d'années avant d'être rendus à l'histoire.

Plus tard les cavernes ne serviront qu'aux fées et aux enchanteurs pour se soustraire aux premiers chrétiens qui devancèrent la justice de l'inquisition. C'est là, dit-on, que se réfugièrent Merlin et Mélusine tremblant encore d'avoir vu la faucille d'or jetée dans la fournaise où brûlaient le gui et les chênes sacrés ! C'est là que se glissèrent sans doute les sorciers et les sorcières en suivant des routes que les vampires et les orfraies avaient frayées. La légende prétend que le grand Hohenstauffen s'est réfugié dans le plus écarté de ces repaires, non loin sans doute de la caverne d'Engis ou de Neanderthal. C'est là que Frédéric dort d'un profond sommeil en attendant le jour où, débarrassé de ses prêtres, le saint-empire romain aura enfin cessé d'être trahi par ses princes. Malgré les banquets des Rœmer que préside le descendant des Hapsbourg, l'heure du réveil ne paraît pas avoir sonné pour lui ; sa barbe peut faire une huitième fois le tour de la table de pierre sur laquelle il s'est accoudé. Pendant que carnassiers et herbivores pourrissaient dans ces cavernes sur lesquelles la nature avait mis le sceau de l'immortalité, les peuples succédaient aux peuples, et les invasions faisaient oublier les invasions ; mœurs et arts disparaissaient sans laisser le moindre sillon dans le champ du passé, comme ces muscles et ces nerfs fondant en une substance noirâtre, cendre uniforme de l'animalité. Seuls, soustraits à l'action de l'air, les os gardaient fidèlement la forme que la vie leur avait donnée pour une heure ; ils semblaient protester contre la loi de la rénovation universelle à laquelle les empires eux-mêmes semblent être astreints.

Lorsque, bien des siècles plus tard, des hommes plus instruits et plus intelligents descendirent dans ces silos de la tradition, ils ne commencèrent pas par s'apercevoir des trésors que le destin y avait successivement accumulés. Car le dessus du sol n'offre le plus souvent qu'un mélange grossier de blocs et de graviers. Mais si l'on creuse, au-dessous de ce premier linceul, on ne tarde point à reconnaître des débris de tout ce qui a eu vie. Ici, ce sont des ossements de grands mammifères roulés par les eaux ; un peu plus loin, des coquillages entremêlés d'arêtes de poisson, puis des végétaux triturés, déchirés, portant encore la trace de l'action violente des eaux. Presque toujours c'est seulement après avoir traversé plusieurs couches que l'on retrouve ce que la nature peut offrir de plus intéressant pour nos méditations, les débris d'objets sur lesquels l'homme a marqué le sceau de son génie, et surtout les fragments d'os ayant appartenu à des êtres semblables à nous ; la main qui a appris à dompter la nature, le fragile bouclier qui a protégé une pulpe blanchâtre dans le sein de laquelle s'est accompli le plus grand de tous les miracles, la génération de la pensée.

Lorsque les sept dormants sortirent de la caverne où ils s'étaient réfugiés, ils ne purent se faire comprendre des passants qu'ils rencontrèrent sur leur route. On avait oublié la langue qu'ils parlaient encore, leurs vêtements excitaient une incommode et hostile curiosité, et la monnaie même dont ils voulaient se servir avait cessé d'avoir cours parmi les vivants.

Les savants qui découvrirent les titres de l'humanité primitive ne furent pas plus heureux que les héros de cette pieuse légende, lorsqu'ils tirèrent des abîmes mille objets d'une antiquité antibiblique. Les hommes qui avaient inventé l'art commode de servir à la fois la science et la superstition laissèrent les couches de terre se refermer silencieusement, et du haut du muséum de Paris une voix illustre ayant déclaré que l'orthodoxie était satisfaite, tout le monde dut se déclarer enchanté.

Le métier de novateur est pour ainsi dire le plus dangereux et le moins lucratif de tous, car si l'on pardonne très volontiers aux charlatans qui défendent la tradition, on est impitoyable pour ceux qui l'attaquent. Si on trouve très naturel qu'ils jettent leur dernière poudre aux yeux des imposteurs, on est toujours impitoyable contre ceux qui s'insurgent. On ne leur tient jamais compte des efforts qu'ils ont tentés pour combattre la fraude et le mensonge. Ont-ils commis par hasard quelque méprise qu'on n'eût jamais songé à relever chez leurs adversaires, qui, n'étant point abandonnés aux seules ressources de la faible raison, devraient au moins être protégés contre les erreurs grossières, on épuise sur eux les sarcasmes. Si la cause de la vérité était susceptible d'être perdue, il y aurait bien longtemps déjà qu'elle

aurait été ruinée par la défaite de ceux qui ont la mauvaise inspiration de vouloir lutter en sa faveur, et de lui sacrifier leurs sueurs, leurs
veilles et quelquefois aussi leur sang.

Il arriva que le premier squelette, qui fut présenté au monde savant
sous le nom d'homme, n'était pas même un singe, pas même un mammifère, à peine un vertébré! On s'était trompé d'espèce, de genre,
presque d'embranchement!! Ainsi l'on abandonna les malheureux
anatomistes aux vengeances de l'orthodoxie, qui ne se fit pas faute de
tourner en ridicule tous les ennemis de Jonas et de Josué. Reconnaître un ancêtre de l'humanité dans un obscur batracien, dans une sala-
mandre appartenant à une espèce perdue, voilà de quoi faire rougir
toutes les philosophies, quoique aucune sans doute ne prétende à l'in-
faillibilité.

Toutefois il faut remarquer que Cuvier évita avec soin de se prononcer d'une manière authentique sur le fait même de l'existence de
l'homme fossile ; on dirait que son génie lui avait fait découvrir une
foule de preuves, que ses obscurs successeurs ont négligé, non pas de
deviner, ce qui aurait été certainement excusable, mais de voir, ce qui
l'aurait été beaucoup moins.

Des Dupanloup scientifiques pourront toujours invoquer avec succès
cette sorte de modération pour justifier la bonne foi scientifique de ce
dictateur de la géologie moderne, en prétendant qu'il ne s'était prononcé que contre le faux homme fossile. Mais qui se chargera de défendre la mémoire des académiciens qui ont cru nécessaire d'élever la
voix contre le véritable homme fossile au moment où Cuvier aurait con-
seillé à tous les théologiens de relire avec soin la Bible, et de regarder s'ils ne pouvaient pas trouver quelques versets disant tout à fait
le contraire du sens que les commentateurs s'étaient contentés d'y
trouver jusque-là ?

Pendant quelque temps, la théorie de l'homme fossile doit être considérée comme perdue.

Vainement des voyageurs trouveront dans des cavernes, des haches
de pierre, des manches de couteaux, des têtes de flèches ; s'ils étaient
parvenus à émouvoir les académies, on leur aurait démontré que tous
ces objets étaient l'œuvre de marmottes réfugiées dans les creux de
rochers.

Inutilement la terre vierge entr'ouverte laissa échapper à plusieurs
reprises des objets merveilleux analogues à ceux que M. Boucher de
Perthes eut la gloire d'arracher aux sables, il était trop tard pour que
la science laissât surprendre une adhésion arrachée à son enthou-

siasme, et trop tôt, malheureusement, pour qu'elle fût obligée de tenir compte de ces communications. Alors les archéologues pouvaient s'écrier comme Caton, après la défaite du parti pompéien : « O anti- » quité de l'homme fossile, tu n'es donc qu'un vain nom ! »

Malgré ces échecs, cette indifférence systématique et cette partialité, de laborieux pionniers de la science moderne poussaient modestement leurs travaux assez loin du trône et de l'autel pour n'avoir besoin de rassurer ni la prudence des grands ni la conscience des croyants.

Les découvertes se multipliaient dans tous les pays civilisés, au nord, au midi, dans toutes les parties montagneuses, dans la caverne d'Engis, dans celle de Neanderthal, à Gibraltar, dans le pays de Galles, dans les montagnes de Suisse, dans les Highlands. Les hommes fossiles semblent s'insurger contre un trop long oubli de l'histoire ; on dirait qu'ils s'écrient :

« Si notre mort fut pénible, notre agonie épouvantable, est-ce que » les destins ne nous doivent pas la consolation suprême de nous » rendre utiles à l'éducation du genre humain ? C'est pour son bonheur » que nous avons laissé notre dépouille se fixer dans des pierres » et échapper au bienfaisant renouvellement de toutes choses. C'est » pour vous servir que nous avons consenti à fuir sous des sables, le » contact de l'oxygène qui arrache à la mort tout ce qui a eu vie, » afin de le rendre au grand cercle de la vie.

» Du temps où nous luttions contre le monde extérieur pour pré- » parer votre domaine, les peuples n'avaient point encore d'annales. » En effet, la langue était à peine formée. Nous ne savions guère » construire de monuments, nous n'avions à peu près que nos corps » qui pussent être considérés comme nous appartenant en propre. O » hommes, en qui nous aimons à renaître, prenez donc au moins pour » enrichir vos musées les débris de nos cadavres. Car ils forment tout » ce que nous pouvions vous léguer. »

CHAPITRE VII

—

LES CRANES D'AURILLAC

L'histoire de la découverte des crânes de la caverne d'Aurillac nous montrera par quels subterfuges on a pu reculer l'époque de la révélation des origines de l'humanité. Nous verrons comment tant de siècles ont été perdus pour le progrès des sciences naturelles.

Il y a peut-être une vingtaine d'années qu'un ouvrier terrassier d'Aurillac enfonça, par hasard, son bras dans un trou qu'il aperçut au milieu d'un talus d'éboulement. Notre homme en retira un fémur humain, et voilà sa curiosité vivement surexcitée. Peut-être était-il sur la piste d'un crime inconnu, non couvert par la prescription. Aussi se mit-il à l'œuvre avec autant d'ardeur que s'il piochait à la découverte d'un trésor.

Au bout de quelques heures de travail, il arrive en face d'une grande dalle de grès, qu'il parvient à enlever ; une crypte obscure se trouve ouverte devant lui. Il saisit une torche, et il s'avance dans ces ténèbres. Une vingtaine de crânes les peuplaient. D'où venaient-ils ? A quels hommes avaient-ils appartenu ? Depuis combien de siècles reposaient-ils dans cette nuit solitaire ? Un terrassier ne pouvait répondre à ces questions, car elles auraient suffi pour embarrasser plus d'une Académie.

Cette trouvaille, si peu attendue, eut bientôt attiré dans la caverne une foule de visiteurs, et les commentaires les plus bizarres circulèrent dans la contrée. Malheureusement le curé de l'endroit, ecclésiastique trop charitable, comme on va le voir, accourut à la tête de ses ouailles sur le lieu du naufrage des doctrines orthodoxes.

Laisser des êtres humains abandonnés sur la poussière profane, ne pas leur offrir l'aumône d'une sépulture chrétienne et d'une dernière bénédiction, ce bon prêtre en était incapable.

Vite il fait enfouir ces païens, sans doute bien et dûment damnés, pêle-mêle dans la fosse commune.

Puisse cette hospitalité tardive donnée en terre sainte avoir été utile au salut des âmes de ces réprouvés. C'est une compensation que Dieu ne peut, sans doute, se dispenser d'accorder, car la charité du curé d'Aurillac coûta bien cher à l'anthropologie.

Quelques jours après cette inhumation précipitée, des géologues voulaient s'emparer de ces ossements pour en faire le sujet de leurs études. Peut-être le digne abbé avait-il craint un retour de l'impiété ; car vainement l'on fit fouiller le cimetière, quelques jours avaient suffi pour faire disparaître les dernières traces d'ossements qui avaient résisté à l'oxygène pendant tant de milliers d'années. Longtemps après cette découverte si malheureusement gaspillée, un hasard imprévu amena dans le voisinage d'Aurillac M. Lartet, un des géologues qui ont le mieux compris l'immense intérêt que la science possède à déterminer l'existence de l'homme fossile.

On lui raconta naïvement l'histoire des os pour lesquels M. le curé d'Aurillac avait ressenti une tendresse posthume si digne d'un parfait chrétien, et on le conduisit en face de la caverne. L'ouverture cintrée que la dalle de pierre avait close si efficacement, avant qu'une main profane ne vînt troubler le repos de ce séjour, était encore intacte. Il devait donc y avoir à glaner quelque chose au-dessous du sol, car bien des débris avaient échappé à la main des pieux Vandales.

En avant de la grotte, M. Lartet aperçut une petite plate-forme grossièrement nivelée et garnie de quelques pavés, que recouvrait encore une couche de cendres et de charbons.

Quels étaient les premiers êtres humains qui avaient réchauffé leurs membres à la lueur de ce foyer primitif ? La tradition des rites qu'ils venaient accomplir a disparu de la mémoire des hommes ; nul historien ne saurait compter combien de fois la terre a passé par son périhélie depuis que le premier feu s'est allumé en face de ces sépultures. Mais le hasard a écrit une date mémorable sur les foyers éteints, car on retrouve, mélangées avec les cendres, des ossements d'espèces que jamais chasseur gaulois n'a poursuivies dans le plateau central de notre France. Ces flammes funéraires furent contemporaines du rhinocéros gaulois et du cerf à cornes gigantesques.

Les abeilles, les fourmis, les castors sont des êtres qui tombent sous le coup de la définition d'Aristote. Peut-être aussi civilisés que l'homme primitif pouvait l'être, ils sont certainement beaucoup plus sociables que l'homme de nos jours, car on ne les voit guères lutter les uns contre les autres, et si les fourmilières vont en expéditions ce n'est jamais que contre une race étrangère. Si les abeilles commettent des meurtres, ce n'est que pour éviter d'avoir plusieurs reines, et par conséquent de ressentir les orages d'un règne divisé. Voilà en quoi brille notre excellence, moins heureuses que nous, les fourmis n'ont jamais eu de Prométhée !

Nul citoyen de ce monde, qui peut fournir à l'homme tant d'éternels modèles, n'a inventé le moyen de lutter contre le froid, de triompher des ténèbres. La sagesse de ces peuples se borne à attendre que l'été reparaisse ou que le soleil remonte au-dessus de l'horizon.

Bien au contraire, ces hommes dont la brutalité nous ferait horreur sont dignes d'être reconnus pour des frères, malgré leur sauvagerie primitive, car ils possédaient le signe de l'intelligence, ils connaissaient assez le prix du feu, sa valeur symbolique, pour en faire honneur aux funérailles des trépassés.

Que de larmes avaient dû être versées par des frères ou des époux avant que le génie poétique de quelque prophète inventât le plus merveilleux de tous les symboles. Ils étaient certainement plus près d'Homère que du singe ceux qui représentaient la vie par un feu qui flambe, et la mort par un tison qui s'éteint !

Qu'ils étaient bien hommes, et hommes de génie même, ceux qui ne pouvant laisser qu'un monument unique de leur passage ici-bas, ont choisi les bûchers, que leurs larmes arrosaient.

Dans l'intérieur même de la crypte funéraire, les fouilles furent naturellement plus fructueuses encore. Quelques coups de pioche suffirent pour découvrir tout un musée d'ostéologie. Tantôt le chat-tigre et l'hyène des cavernes apparurent sous le fer, tantôt au contraire c'étaient le renne et l'aurochs. Les herbivores qui n'habitent plus que dans les régions glacées du nord succédaient aux carnivores dont la surface de la terre a été débarrassée.

C'est sur ce tapis noirâtre que la famille sauvage a dû partager les dépouilles que les hardis chasseurs rapportaient ; car les parties musculaires ont été détachées avec des instruments tranchants, qui ont laissé partout la trace de leur passage. Même la dure charpente n'a pas échappé à cet outrage, car il n'y avait pas de viande assez huileuse, assez coriace pour trouver grâce devant ces appétits anté-diluviens. La moelle, que les populations barbares recherchent encore avec délices, devait être l'ambroisie de ces festins du monde primitif. Les parfumeurs ne devaient point encore la disputer aux gourmets!

Au-dessus, au-dessous, au même niveau, se trouvaient une foule d'objets travaillés par l'industrie humaine. Des instruments en bois de cerf étaient terminés d'un côté par une pointe et de l'autre par un biseau. Un manche en bois de rennes portait un trou destiné à recevoir une arme meurtrière. Des silex taillés avec soin servaient de couteaux, enfin la dent canine d'un jeune ours, grossièrement sculptée avec un art comparable à celui de nos forçats, représentait une tête d'oiseau. Cet objet d'art avait été perforé dans toute sa longueur pour laisser passer une corde destinée à le suspendre au cou d'un enfant. Il pourrait encore servir à amuser un des nôtres. Si les jeunes sauvages sortaient de leur tombe, ils pourraient fraterniser avec les jeunes civilisés, sans s'apercevoir qu'il y a entre eux une distance assez grande pour donner le vertige à toutes nos philosophies.

Un jouet, un jouet, voilà certainement une relique bien précieuse pour l'honneur des hommes auxquels ont appartenu ces squelettes. Ils sont des nôtres ceux qui sentaient comme nous le besoin d'amuser leur jeunesse, de distraire leur âge mûr, et sans doute aussi oublier leur vieillesse. Il y a des hommes depuis le jour où l'on inventa la première distraction, car ce fut sans doute le soir du jour où l'on commença à s'ennuyer ici-bas. Quelque étroits que puissent être ces crânes, manions-les avec respect, puisque, comme nous, ils ont eu besoin de rêver; comme nous ils ont reçu le sacrement de la souffrance, comme nous ils ont senti le froid mortel du dégoût, la dent impitoyable de la colère; ce sont des frères de larmes; honneur à ces obscurs pionniers de la douleur!!

Que de fois les enfants et les femmes ont dû être dévorés par les loups et les hyènes avant que le père ait inventé l'art de rouler un rocher devant la tanière conjugale; mais plus souvent encore la jalousie, la colère ont assombri ces froides ténèbres, ensanglanté ce sol humide et boueux. Sans doute, le plus cruel ennemi de l'homme qui se soit jamais glissé dans ces berceaux tumulaires, c'est en réalité l'homme lui-même; car enfin le crime a bien dû triompher au moins aussi souvent dans ces caves funèbres que dans les palais des rois.

CHAPITRE VIII

—

LE BASSIN DE LA SOMME

La Somme coule modestement entre deux rangées de pauvres collines qui ne s'élèvent jamais à plus de cent mètres au-dessus du niveau moyen de ses eaux. Ce fleuve en miniature arrose un modeste sillon pratiqué dans le terrain calcaire de Picardie, et dont la largeur n'excède pas un kilomètre et demi. Le Gange et le Nil descendant orgueilleusement des plus hautes montagnes du monde, rougiraient sans doute de reconnaître un frère dans cet humble affluent de la Manche. Cependant, c'est peut-être dans ce canton dédaigné par l'histoire, peu favorisé par la poésie, par la nature même, que le premier mastodonte abattu par les hommes, sentit le tranchant d'une hache de pierre déchirer sa chair qui paraissait invulnérable. Peut-être le crâne obtus du sauvage de génie qui a inventé cette arme à laquelle l'humanité doit ses premiers triomphes, gît-il ignoré dans le dessous de quelque fondrière.

Ce qui est incontestable, c'est l'excessive antiquité des couches contenant des traces de l'existence de l'homme. En effet, le dépôt de sables qui contient des haches et des silex taillés en forme de lance, existe des deux côtés de la Manche. Avant le jour où la Grande-Bretagne et la Gaule durent se dire un éternel adieu, cette formation couvrait une vaste contrée qui est maintenant à cheval sur les deux côtés du détroit.

Peut-être les instruments que l'on retrouve émoussés, comme s'ils avaient subi une espèce de transport violent, ont-ils été entraînés par les eaux furibondes qui ont taillé la carte actuelle de l'Europe moderne, et qui, dotant l'Angleterre de la forme insulaire, ont fondé sûrement son indépendance et peut-être sa grandeur. Les vagues furieuses qui ont noyé les animaux amphibies eux-mêmes, déraciné les troncs d'arbres et balayé les rochers, n'ont pas naturellement épargné les produits de l'industrie rudimentaire des premières peuplades. Heureusement, le sceau de l'intelligence humaine est indélébile. Du moment que la main d'un des nôtres a touché un caillou, ce caillou appartient à la raison. Les cataclysmes ont beau succéder aux cataclysmes, les milliers d'années s'entasser au-dessus des milliers d'années, aucun événement ne vient effacer l'empreinte de la prise de possession. La trace du génie humain persiste tant que la substance elle-même, engagée dans des combinaisons nouvelles, n'est pas complètement anéantie.

Un jour viendra où un archéologue s'écriera, en mettant la main sur le moindre fragment d'un objet de fabrication grossière : « O intelligence, je reconnais bien là tes œuvres, et j'en jure par la mienne, tu as bien, en réalité, passé par là ! »

On pouvait supposer que le monde savant allait tressaillir en apprenant qu'on avait enfin retrouvé les traces d'une humanité perdue.

Ce devait être un jour de fête pour toutes les Sociétés savantes, qui voyaient surgir dans les pénombres de la géologie, de vagues silhouettes de mondes tellement anciens, qu'ils devenaient nouveaux, des provinces encore vierges à ajouter au règne de l'histoire.

Cependant, ni l'Académie des inscriptions et belles-lettres, ni l'Académie des sciences n'ont compris que le meilleur moyen de se rendre honneur à elles-mêmes était d'ouvrir leurs rangs à l'homme qui venait d'agrandir ainsi leur domaine.

Belle occasion, en outre, de faire preuve de patriotisme, et notre géologie française peut être fière de retrouver les origines de l'industrie nationale enfouies dans les couches qui semblent antérieures aux alluvions de la vallée du Gange, ou à la formation du delta du Nil.

Cependant, si un Anglais n'était venu en 1859 explorer ces terrains, on ignorerait encore aujourd'hui qu'un illustre archéologue d'Abbeville les explorait depuis plus de trente ans. Personne n'aurait appris que ce savant avait tiré de ces cryptes tout un musée d'antiquités antérieures au jour où Moïse inventa Jéhovah. Le bel ouvrage sur les *Antiquités celtiques* aurait à peine de rares lecteurs, le château de Saint-Germain n'aurait pas été désigné à l'honneur de servir de préface aux collections babyloniennes et égyptiennes ; enfin, M. Boucher de Perthes attendrait encore que nos académiciens daignent lui ouvrir la porte de nos musées, où il mendierait encore une place pour les plus vénérables reliques du passé. Aucun professeur français n'aurait peut-être appelé l'attention du monde savant sur des objets dont l'antiquité n'a d'autre défaut que d'être trop clairement établie pour que les sectes bibliolàtriques puissent espérer d'en triompher.

Il est vrai, des couches meubles, épaisses de 12 ou 15 mètres, peuvent être remuées sans efforts au-dessus de la persévérance des gens qui ont un puissant intérêt à intercaler des passages supposés dans le grand livre de la nature. Mais comment les fraudeurs inconnus qui ont travaillé à ces grandes mystifications auraient-ils opéré sur une échelle si magnifique, que les haches de pierre se découvriraient par centaines. Est-ce qu'ils auraient pu deviner qu'un Boucher de Perthes viendrait donner à leur fraude le couronnement de sa crédulité. Du reste, que gagnerait-on à opérer une mystification qui tendrait seulement à prouver qu'il n'y a rien de miraculeux ici-bas. La raison n'est point une source inépuisable comme la crédulité de ceux qui persistent à placer toute leur espérance dans l'intervention de divinités qui nous sont tout à fait étrangères.

Il est vrai que le temps est pour le moins aussi fort que l'amour, et que par conséquent il peut très bien rendre une seconde virginité au sol frauduleusement perforé, ou accidentellement bouleversé.

Mais s'il peut induire en erreur il place aussi sa marque indélébile sur les objets que le hasard confie à sa toute-puissante tutelle. La science a inventé plus d'un trébuchet, plus d'une pierre de touche. Il faudrait être bien étrangement maladroit pour confondre des signes apocryphes avec le mot de passe que les siècles se transmettent l'un à l'autre en l'inscrivant sur les objets qu'ils ont couvés.

A moins que quelque ange ou quelque démon, jaloux de rabaisser notre orgueil, ne soit venu déposer subrepticement les haches de silex au fond des tourbières, à moins qu'un Dieu *tout-puissant* n'ait donné ordre à la nature de contrefaire les œuvres sorties de mains intelligentes, nous pouvons hardiment considérer les cailloux façonnés comme antérieurs aux couches qui les renferment, qui les recouvrent, qui les ont ensevelis. Ce sont les débris d'un naufrage, non pas d'un vaisseau, mais du sol lui-même : Faut-il s'exposer à une excommunication scientifique majeure parce qu'on a la grande audace de dire que ces débris sont tombés au fond de l'eau avant le jour où les vagues ont amené les graviers au milieu desquels ils sont enfouis?

Trente pieds de tourbes! On est bien loin généralement de comprendre ce que représente cette épaisseur, qui équivaut à une montagne de végétation. En effet, la tourbe n'est pas seulement une superposition de débris, mais une véritable condensation des plantes défuntes, que l'on pourrait appeler *un extrait de cadavres!*

Combien faut-il de temps pour que ces dépôts puissent se former au-dessus des objets qu'ils recouvrent? si l'on demande aux ouvriers ils répondront toujours, car la tourbe est si lente à monter qu'elle paraît immobile.

Les Nestors des manœuvres qui vivent au milieu de ces marais, retrouvent souvent les couches dont ils ont extrait des combustibles, et reconnaissent parfaitement celles qu'ils ont exploitée lorsqu'ils débutaient dans leur métier.

Les trous qu'ils ont pratiqués il y a trente ou quarante ans semblent taillés de la veille. La tourbe n'a pas réparé en soixante ans, la moindre portion de ce qu'ils lui ont enlevé en quelques secondes de travail.

Si on demandait à M. Boucher de Perthes, de fixer l'antiquité de ce couvercle végétal, qui a commencé à se former à partir du jour ou l'homme apparut dans ces marécages.

Voici ce qu'il répondrait :

« J'ai trouvé des objets de fabrique romaine, encore dans la posi-
» tion qu'ils avaient prise en tombant. L'accident inconnu qui les a
» lancés dans ces gouffres ne peut avoir eu lieu qu'à l'époque où ré-
» gnaient les Césars. Depuis lors, la terre a parcouru quatorze cents
» fois au moins son orbite.

» La tourbe qui les surmonte n'a pas plus de 72 centimètres d'é-
» paisseur, c'est donc un exhaussement moyen d'environ un centimè-
» tre tous les vingt ans, chaque année la masse s'exhausse de l'é-
» paisseur de quelques feuilles de papier. »

Le banc croît si lentement que la terre a paru fatiguée d'attendre. A mesure que les couches s'accumulaient feuille à feuille les côtes sombraient, s'affaissant lentement sur elles-mêmes. Sans ces végétations obscures la vallée tout entière aurait été rendue à Neptune qui eût régné comme du temps du Grand Océan crétacé.

Nous ne cacherons point qu'une spéculation de l'espèce la plus basse et la plus méprisable se glisse sous les pas de la vraie science. Ainsi les ouvriers des carrières de Moulin-Quignon n'ont pas tardé à trouver le moyen de contrefaire les haches de silex pour gagner une misérable obole. Il suffit, en effet, de quelques coups habilement portés avec un instrument d'acier, pour imiter les meilleurs produits d'un art aussi grossier que nos premiers Gaulois.

Un savant aurait certainement tort d'oublier que *réputation oblige à circonspection*, qu'il ne peut, sans déroger à sa dignité intellectuelle,

agir avec l'insouciance d'un ignorant. Il serait coupable de grosse né-
gligence s'il imitait la légèreté avec laquelle le commun des touristes
collectionne ces antiquités, antiquités que l'on vient de fabriquer le
matin même en spéculant à l'avance sur les dupes que l'on doit faire
dans la journée.

Mais, ne serait-il pas moins à blâmer s'il s'obstinait à mettre en
doute l'authenticité d'objets qu'il a à extraire lui-même de dessous ce
prodigieux amas de combustibles ? n'est-il point, en effet, obligé, pour
ainsi dire, de se laisser gagner par la majesté du temps ? Serait-ce
donc inutilement que la nature aurait accumulé soixante mille couches superposées, soixante mille fois répétées !!!

La science ne saurait éviter d'avoir à se défendre contre l'imposture
qui assiége toutes les portes de nos académies ; la réserve et la prudence sont donc excellentes. Mais comme elle ne peut se contenter des
notions incomplètes que la tradition nous a léguées, il faut que celui
qui la cultive sache constamment gouverner entre le Charybde du
scepticisme et le Scylla de la crédulité. Ce n'est point en affirmant sans
critique des faits nouveaux que l'on servira les intérêts de la science
positive, mais ce n'est pas non plus en niant toujours que l'on serait
utile au progrès.

CHAPITRE IX

—

Cette mer intérieure qui a si longtemps recouvert une portion du territoire de la Hollande, était une des masses d'eaux les plus homicides que la géographie puisse citer. Toute proportion gardée, elle ne le céderait pas sans doute, en sinistres dont elle fut complice, aux flots du déluge de Noé, ni à ceux du déluge de Deucalion. La population nombreuse et active qui habite les bords de cette mer, raturée de la nomenclature des lacs par un hardi coup d'État des ingénieurs néerlandais, a fourni chaque année un contingent de victimes; les chroniques locales ont conservé le souvenir d'une foule de naufrages dont elle a été complice plus ou moins active, plus ou moins volontaire, pendant une vingtaine de siècles au moins. Que de fois, en outre, n'a-t-elle pas été teinte de sang humain, car toutes les invasions, toutes les guerres civiles, toutes les révolutions qui ont agité la contrée, y ont amené des luttes maritimes plus meurtrières encore que les naufrages.

Lorsque le roi de Hollande la supprima au moyen de très grands travaux de dessèchement, on pouvait donc croire que l'on trouverait un véritable charnier dans le vaste territoire qui se trouvait livré pour la première fois depuis le commencement des temps historiques à l'activité humaine. Les statisticiens avaient supputé que la population des cadavres devait très largement dépasser celle des hommes qui, au nombre de vingt ou trente mille vivaient le long de son périmètre.

Cependant, il n'en fut rien : les cinq ou six mille agriculteurs qui, depuis quinze ou vingt ans, retournent dans tous les sens le fond de cet ancien bassin, n'ont encore trouvé que quelques objets d'art, quelques pièces de monnaies, quelques restes de l'action intelligente de l'homme. Quant à l'homme lui-même, il a complétement disparu, ainsi que les animaux domestiques qui ont plus d'une fois partagé le sort de leur maître.

Supposons que les géologues de l'avenir étudient sur le territoire de l'ancienne mer de Harlem l'antiquité de l'homme, ils ne seront pas mieux partagés que les nôtres, cherchant à se rendre compte de l'antiquité du diluvium de Moulin-Quignon, avant la découverte de la mâchoire.

S'il se trouve, par hasard, quelques savants du centième siècle assez hardis pour ne pas se laisser arrêter par la difficulté de rétablir une des lacunes de la nature, il ne manquera certainement pas de sénateurs scientifiques pour les arrêter dans leurs spéculations. Est-ce qu'il ne sera pas très facile de s'appuyer sur l'absence de tout squelette humain pour soutenir que l'humanité est postérieure au prochain cataclysme? Est-ce qu'il ne sera point très aisé de démontrer que la formation de la race humaine a suivi le déluge qui n'aura peut-être respecté la mémoire d'aucun des grands hommes illustrant actuellement l'empire français?

Que d'arguments spécieux pour convaincre les académies de l'*âge quinaire* que la science ne doit tenir aucun compte de la présence de restes informes d'une industrie barbare, car nos annales positives ne font mention de l'usage ni de canons, ni de fusils, ni de sabres, ni de piques, ni d'aucun des termes dont les auteurs de cette théorie singulière se servent pour désigner ces divers *instruments de destruction*, nom bizarre qui est sans doute de leur invention. Il faudrait admettre qu'il a existé sur la terre une race intermédiaire entre l'homme et les animaux carnassiers tellement ancienne que nos livres n'en font pas mention.

« S'il faut en croire certains archéologues, diront nos adversaires de l'avenir, nous devrions considérer ces différents objets comme revêtus d'une très haute antiquité. La raison que ces hardis auteurs mettent en avant suffit pour les condamner. En effet, ces savants hétérodoxes prétendent que ces objets étranges ont servi à des hommes pour tuer d'autres hommes. S'il en était ainsi, ces savants auraient raison.

« Mais il n'est pas nécessaire de contredire les plus vénérables enseignements pour expliquer la présence d'objets aussi éloignés de nos mœurs et de nos habitudes. S'ils sont recouverts par une couche énorme de dépôts, ces dépôts proviennent des cailloux arrachés aux pentes par les eaux pluviales ou par quelque grand débordement. Ces objets en bronze, en argent, en acier et en or n'ont pas été originairement déposés dans ce lieu, mais ils furent entraînés avec la masse des débris arrachés aux flancs des montagnes par quelque inondation considérable bien postérieure au grand diluvium. S'ils avaient été déposés ou fabriqués en cette place, on trouverait à côté de l'outil le cadavre de l'ouvrier, et à côté de l'ornement le cadavre du propriétaire!

« Quant à la forme étrange de ces objets, elle s'explique suffisamment par les goûts bizarres des géants du monde primitif, qui devaient porter en breloques les plus étranges ornements, comme nos livres sacrés le déclarent expressément! Il faut que feuille à feuille le sol ait gagné une épaisseur de quatre-vingt-dix pieds : mettez un pied et demi par siècles. »

Dans vingt ou trente mille ans ces arguments pourront paraître démonstratifs ; mais nous, qui avons sous les yeux l'exemple de la mer de Harlem, nous ne devons pas nous hâter de donner raison à ces théories, lorsqu'il s'agira d'expliquer la découverte des haches de silex. Car il ne faut pas être grand logicien pour remonter de l'effet à la cause prochaine ; quelque débile que soit notre raison, surtout quand elle est privée des lumières de la foi, elle a encore la force de proclamer que l'homme doit avoir existé avant les produits de l'industrie humaine.

Cependant presque tous les libres-penseurs ont senti leur résolution faiblir en présence de ces haches de silex, comme s'il s'agissait d'un fait énorme, imprévu, invraisemblable, confondant les données fondamentales de la science moderne.

Les saints Pierre de nos Académies renieront plus d'une fois l'expérience de leur maître, et M. Boucher de Perthes sera enlevé à la science sans avoir eu la consolation d'entendre ses adversaires prononcer leurs derniers sophismes. La plume qui soulèvera les dernières objections contre ses découvertes n'est certainement pas encore taillée.

On dirait que, comme toutes les grandes choses, la vérité a besoin d'être couvée par la douleur et consolidée par le génie. C'est aux rêves et aux hallucinations que semblent être réservées ces perceptions triomphales qui confondent la raison. Ce serait une triste élégie à écrire que celle des folies qui se sont succédé depuis les escargots sympathiques jusqu'aux boules de cristal du lieutenant Morrisson. L'espace de temps qui a été occupé par le triomphe de ces misères intellectuelles sera loin de suffire pour rendre classique la moindre vérité fondamentale. Il paraîtra beaucoup de prophètes sur la terre avant que la doctrine de M. Boucher de Perthes ne pénètre dans nos écoles. Mais on ne dispense de preuves rigoureuses que ceux qui annoncent des choses extraordinaires. Si on appliquait à l'examen des théories surprenantes le demi-quart de la rigidité que l'on montre envers les idées les plus simples, les plus naturelles, combien M. Mathieu de la Drôme vendrait-il d'almanachs ?

Heureusement la domination du génie lui-même ne peut être qu'éphémère. Les œuvres de Keppler et de Newton ne sont pas éternelles, car les faits, toujours plus puissants que les conceptions les plus profondes, viendront faire tomber dans un juste oubli les œuvres que nous avons encore raison d'admirer, celles qui, pendant bien des siècles encore, paraîtront immortelles.

Le régime des sciences d'expérience et d'observation, c'est une démocratie affreusement égalitaire.

Un manœuvre qui trouve une hache de silex possède une autorité incontestablement supérieure à celle de l'auteur des *Révolutions du globe*, et les plus admirables pages du grand naturaliste peuvent être déchirées par un rustre qui ne sait même pas lire.

CHAPITRE X

—

Même en rejetant toutes les pierres apocryphes qui ont séparé tant de collections, on ne peut estimer à moins d'un millier le nombre de cailloux ouvragés extraits à différentes reprises des carrières de la vallée de la Somme.

Ce nombre a paru prodigieux aux critiques orthodoxes, lesquels ne voudraient pas sans doute rabattre une seule des onze mille vierges, et qui se vengent de la contrainte que leur inspire la foi, en se montrant à leur aise incrédules pour les faits que leur montre la science.

Peut-être ces négateurs auraient-ils cependant raison de trouver qu'on découvre ces antiquités à peu de frais, s'il n'y avait eu dans ce canton que des recherches systématiques, mais la majeure partie des débris se sont rencontrés fortuitement sous le pic des terrassiers, c'est le hasard qui les a mis en lumière au milieu de déblais dont lés savants n'ont remué qu'une faible portion, malgré l'attrait qu'exerça ce filon de Moulin-Quignon sur toutes les académies du monde. Même dans ce site exceptionnel, l'amour du lucre a toujours été infiniment plus efficace que l'ambition de la vérité.

Pour bien comprendre ce que chacune de ces mille pierres sauvée des sables coûte de labeurs, il ne faut pas oublier que ce millier d'objets authentiques doit être considéré comme le produit de fouilles spontanées durant depuis une vingtaine d'années. Cette moisson est très abondante, grâce à la bonne qualité des sables et à l'importance que des considérations stratégiques et politiques, ont fait donner aux fortifications de la ville d'Amiens. La vallée de la Somme a été fouillée, perforée sans interruption par des centaines d'ouvriers; voilà ce qu'il ne faut pas oublier avant de s'ébahir.

Combien de semaines infructueuses un géologue, même habile, pourrait perdre en explorant le lit de la Somme, avant de mettre la main sur la moindre relique de l'industrie primitive. Nous engageons les gens qui trouveraient l'abondance de haches suspecte, à faire l'essai par eux-mêmes de la difficulté inhérente à un pareil ordre de trouvailles. Qu'ils essaient de chercher par eux-mêmes, alors ils conviendront que la découverte de chacun de ces débris offre un réel mérite.

D'autre part, gardons-nous d'erreurs historiques qui n'offrent pas un moindre danger. Si l'on trouve tant d'objets travaillés non-seulement à Moulin-Guignon, mais encore dans une foule de contrées différentes, ce n'est pas que l'activité industrielle de ces tailleurs de pierres ait jamais été bien grande. Qu'ils seraient loin de la vérité ceux qui se figureraient la terre entière couverte de fabriques, à une époque où l'animal à moitié raisonnable était très clair-semé et se trouvait encore à l'état sporadique.

Mais la matière était abondante, et le procédé de fabrication peu sûr; les artistes abandonnaient sur place, sans aucun regret, les objets ébauchés. Puis les fondateurs de l'industrie moderne sentaient déjà ce que nous appellerons les atteintes du génie industriel. Ils choisissaient leurs Birminghams et leurs Manchesters en miniature dans des endroits relativement abrités, dans de véritables oasis de tranquillité au milieu de cette période de trouble et de colère ; mais cette abondance de débris ne s'est pas étendue jusqu'à l'homme lui-même. Voilà un nouveau et encore inépuisable sujet d'étonnement.

En effet, dans les cantons les plus favorisés du monde primitif, la vie de l'homme était une lutte épouvantable contre les éléments qui semblaient disputer à la raison naissante l'empire du monde. Le ciel ne coopérait-il pas en quelque sorte avec les bêtes féroces, qui n'avaient point encore renoncé à nous ravir notre légitime pouvoir?

Alors nous nous trouvions au sortir de la période glaciaire. dans ces âges d'élaboration de la forme actuelle du monde, où les roches elles-mêmes n'avaient pu supporter sans être entamées les effrayants efforts qu'elles avaient subis. On se rappelait encore l'époque pendant laquelle la nature employait à profusion l'eau congelée, son active poudre à canon. Il devait rester un écho de ces terribles hivers, dont il n'y a peut-être que les explorateurs du pôle Nord qui puissent se faire une idée approchée.

L'apparition de l'homme avait dû devancer le retour de la nature à un climat à peu près pareil à celui qui règne aujourd'hui dans nos latitudes; car l'Esquimau, moins grossier sans doute, plus délicat que l'homme primitif, et civilisé par rapport à lui, a été constamment rencontré aux extrémités de notre monde ; dans le voisinage immédiat du pôle boréal, les hardis explorateurs lancés à la découverte de Franklin, ont trouvé des tribus aux mœurs douces et bienveillantes. L'hospitalité de l'homme des neiges semble comme un contraste avec les rigueurs du monde extérieur, de même que la sauvagerie de l'homme des tropiques est une sorte de protestation contre une nature trop aimable et trop généreuse.

Du temps où la mâchoire de Moulin-Quignon pouvait encore bâiller, les eaux roulaient à la fois plus abondantes et plus chargées de roches pulvérisées que les torrents de nos jours; c'est sans doute lorsque la majesté de l'homme se fut manifestée que celle du tonnerre commença à pâlir.

La raison, toute informe et toute bégayante qu'elle était, a triomphé des nuées féroces et des bêtes à la dent foudroyante. Le nain humain, tout difforme et tout nu, a terrassé le chat, géant svelte et armé de vingt lames dix fois plus tranchantes que la hache de pierre taillée dans le banc du meilleur grain.

La raison, ce néant que le doute annihile, a comblé la réelle différence des statures, l'effrayante disproportion des muscles, Mais si l'homme vivant dompte tout, l'homme mort est bien vite terrassé par la mouche, par la larve. Nous laissons sur la terre le plus méprisable de tous les cadavres, et par conséquent nos proches font bien de ne pas perdre de temps pour nous cacher.

Il n'y a point, dans toute la série zoologique, de proie plus facile pour les chasseurs processionnaires, pour les fouisseurs de putréfaction. C'est un fruit ouvert à tout venant que ces chairs épanouies à fleur du squelette. Ce n'est guère la peine de les brûler avec du charbon, ces muscles à peine protégés par une épiderme lâche et pelée, car il ne faut pas longtemps pour que l'oxygène s'en empare.

Les dents, les griffes, seraient presque du luxe, si les hyènes et les chacals n'avaient à déchirer jamais que des cadavre humains, s'ils ne devaient briser que des os comme les nôtres, légers et friables, pauvres d'incrustations calcaires, non défendus par leur masse comme les squelettes des mastodontes et des éléphants.

Si l'on s'habituait bien à regarder le peu que valent nos cadavres, on ne s'étonnerait pas de voir qu'ils aient presque complètement disparu, tandis que la terre contient encore les restes de tant de mastodontes. Plus l'être est éphémère, obscur, insignifiant, plus le squelette est durable. Il en est de la dynastie de la nature comme de celle

des Pharaons ; les grandes pyramides ne renferment point de Sésostris. Les foraminifères, qui vivent presque à la manière des végétaux,
qui sont presque déjà morts alors qu'ils travaillent, laissent des dépouilles pour ainsi dire éternelles. Peut-être dans cent mille ans ne
restera-t-il que ces invisibles du monde quaternaire. Une fois l'esprit
parti, la terre reprend sa revanche. Ne se laisse-t-elle même pas trop
gouverner par cet atome qui a l'audace de lui demander pourquoi elle
roule dans son orbe ?

Vous vous étonnez qu'il y ait si peu de mâchoires dans les sables,
hommes de trop de foi, voyez donc le nombre de précautions même
insensées qu'il faut prendre pour soustraire à ce bienfaisant renouvellement de toutes choses la moindre parcelle de notre être. Demandez
aux embaumeurs égyptiens ce qu'il en coûte pour préparer des mo-
mies qui durent quelques milliers d'années, une minute des grands
jours de la nature, à peine ce que durent deux ou trois religions, trois
ou quatre empires. Combien de milliers d'années croyez-vous que le
cœur de Voltaire reste enfermé dans le vase que le ministre Duruy a
si pieusement confié aux mains des conservateurs. Relique précieuse
cependant, vous en conviendrez, sans aucun doute, et qui devra être
bien surveillée, puisque c'est la seule que les philosophes se soient
avisés de recueillir !

Allez, philosophes, prêtres, grands ou prolétaires, nous sommes
tous entourés d'êtres pour qui c'est une délicieuse opération que de
nous rendre les honneurs funèbres. Si vous pouviez interroger les
vers et les larves, elles riraient bien en voyant que vous ne pouvez
comprendre qu'il reste si peu de chose de nos premiers ancêtres.

Mais ce n'est pas seulement les races ennemies ou rivales de
l'homme qui vengent sur sa dépouille la gloire et la puissance qui
brille un instant. L'homme a toujours été le fossoyeur acharné de
l'homme, trop souvent le fossoyeur intéressé. Est-ce que l'anthropo-
phagie, dans sa forme la plus épouvantable, n'a pas été pour ainsi dire
la règle commune des peuplades primitives ? Qui sait si cette affreuse
habitude n'était point pour ainsi dire le résumé de la morale de ces
sociétés affreuses dont le Dahomey ne nous donne lui-même qu'une
image adoucie. Tuer les vieillards inutiles par pitié, pour leur épar-
gner les horreurs de la faim, telle était la charité économique des
bons fils de ces temps patriarcaux. Que de fois sans doute un affamé
couronnait son sacrifice d'Abraham retourné en donnant au père un
abri dans son estomac !

L'homme a dû être le plus précieux bétail pour l'homme. On a dû posséder dans des étables humaines des esclaves de boucherie avant d'élever des bœufs ou des moutons. Puis, lorsque les nations moins barbares ont compris l'usage du feu, les bûchers ont probablement dévoré les cadavres des grands. Ce qui échappait aux dents n'échappait point à la flamme.

Flamme sacrée, flamme divine, pourquoi donc les hommes ont-ils renoncé à tes derniers embrassements ! Vainement tu leur offres le moyen de devancer l'arrêt de la nature, ils ont cru qu'ils pouvaient lui échapper en se faisant embaumer. Au lieu de se répandre dans le grand tout, ils cherchent à s'isoler dans leur sépulture. Ils renoncent à donner la pâture aérienne aux plantes, mais ils n'échappent jamais aux hideux habitués de nos cimetières ; ils ne courent pas au devant de la fleur, ils attendent que la putréfaction ait raison de leur égoïsme. Feu divin, feu béni, il n'y a que toi qui peux nous changer en gaz invisible, impalpable qui se disperse par toute la terre, car il voltige sur le souffle embaumé des vents !

CHAPITRE XI

—

Il devait entrer une certaine dose de hasard dans la découverte des restes de l'*Homo primigenius*, comme dans tous les succès obtenus par les grands inventeurs, ceux qui se lancent bravement sur la piste d'une vérité obscure, incomprise, niée par les contemporains; mais comme dans toute conquête grande, définitive, il devait y entrer encore beaucoup plus de persévérance et de sagacité.

En somme, si l'on nous demandait d'expliquer comment le vénérable Boucher de Perthes a réussi dans sa croisade, nous dirions que c'est en employant le procédé des Archimède et des Newton, c'est-à-dire en y pensant toujours.

La carrière d'Abbeville, à laquelle M. Boucher de Perthes s'est attaché pendant une période assez longue pour remplir la majeure partie de sa vie de savant, était du reste un terrain prédestiné. Non-seulement les haches s'y trouvaient en nombre plus grand que dans les autres stations, mais, indice d'une heureuse situation choisie par un heureux hasard, les arêtes sont si vives qu'on est plus porté à croire à une fraude qu'à un miracle de conservation.

Ces haches sont tellement respectées que le chasseur antédiluvien, s'il sortait des ténèbres du passé, pourrait les manier sans même avoir besoin de rafraîchir leur tranchant. Il chercherait l'ours, l'éléphant et le tigre qu'il était habitué à frapper, et ne trouverait autour de lui que des êtres esclaves, des bœufs et des moutons remplaçant les brutes en révolte contre la puissance naissante de l'humanité.

Longtemps M. Boucher de Perthes avait attendu en vain la découverte que son sens scientifique avait devinée; enfin il constata que la terre était imprégnée d'une certaine quantité de matière organisée; il y avait quelque fossile par là. Le grand géologue d'Abbeville donna des instructions minutieuses à ses vigies. C'est ainsi que Christophe Colomb en agit lorsqu'il sentit l'approche d'un continent voisin.

Mais avant d'aborder la terre ferme, les Espagnols rencontrèrent des îles d'une faible étendue. De même les chasseurs de squelettes débutèrent par une dent qui, débarrassée de sa gangue, fut trouvée usée, ruinée par la mastication.

Une dent, c'est bien peu, mais c'est tout, car la science est comme un engrenage divin. Du moment qu'un bout de l'esprit y est passé, il faut que l'intelligence tout entière y passe, fût-ce par le trou d'un syllogisme, quelque étroit qu'on le suppose. Bientôt une seconde dent se présenta, toujours enfouie dans sa gangue, c'était un second îlot dans l'océan inconnu.

Quelques heures après c'était la mâchoire que M. Boucher de Perthes arrachait lui-même de ses mains.

D'abord chacun trouva la découverte toute naturelle : il sembla que l'on devait depuis longtemps s'attendre à ce que la géologie retrouverait un jour ou l'autre les onze ou douze cents quartiers dont l'écusson de l'humanité doit être écartelé. Mais bientôt l'Angleterre orthodoxe donna l'alarme à nos académies imprudentes, trop éloignées des grands lutteurs du naturalisme pour comprendre le danger auquel les opinions orthodoxes se trouvaient exposées. En effet, de l'autre côté du détroit, les théories bibliques étaient serrées de très près par Darwin et Huxley ; la création adamique avait reçu un de ses coups dont une théorie, même révélée, se relève rarement, mais dont la science officielle de France ne comprenait point encore la portée.

Peu s'en fallut que la bonne foi de M. de Perthes ne fût mise en doute, qu'on ne l'accusât d'avoir organisé une immense supercherie scientifique.

Un manipulateur dont le nom nous échappe, comme il échappera évidemment à la postérité, s'avisa de remarquer qu'une des dents de la mâchoire offrait des traces de matière organique qui avaient échappé à la décomposition. Comment des os aussi anciens que des débris appartenant à un cadavre enfoui dans un sol non remanié, auraient-ils conservé des parcelles d'une matière putréfiable ? Braver à ce point le temps, *edax rerum*, cela était un miracle que certainement un mince vernis d'émail n'était pas susceptible d'accomplir, même pour sauver une dent, qui elle-même avait servi à dévorer tant de choses.

Cette première bataille allait peut-être être décisive, et la mâchoire de Moulin-Quignon allait rejoindre *l'homo diluvii testis*. Le recueil des erreurs de la philosophie, que les sceptiques ne manquent jamais de

feuilleter toutes les fois qu'il s'agit d'évoquer en doute les découvertes de la science, s'enrichissait d'un nouveau chapitre.

La vérité était emprisonnée dans une cornue ; c'était un tour plus
surprenant que le sortilége de l'élève de Faust fabricant un homme
dans une bouteille. Heureusement d'autres savants eurent l'idée de
commencer par où l'on aurait dû débuter, ils examinèrent les os provenant de fossiles bien et dûment fossilisés. On n'eut pas de peine à découvrir que la trame organique d'ossements appartenant à des espèces
éteintes depuis un grand nombre de milliers d'années, avait été con-
servée, quoique les fémurs et les tibias de carnivores ou même d'herbivores ne soient pas protégés par un vernis d'émail comme le sont
les dents suspectes de Moulin-Quignon.

Il y a dans les batailles de la science des péripéties aussi palpitantes
que dans celle de la vie, et cette négation intempestive coûta aussi
cher à l'incrédulité orthodoxe qu'une sortie malheureuse aurait pu
coûter à une place assiégée.

Plusieurs savants d'un haut mérite vinrent à la rescousse. MM. Qua-
trefages, Desnoyers, Delesse, Pictet, de Vibraie attaquèrent avec énergie les conclusions de nos émules d'outre-Manche. Si la crainte de voir
apparaître la silouette compromettante d'un quadrumane à la tête de
la série humaine n'avait paralysé le patriotisme de nos savants, la cause
de l'homme fossile serait devenue nationale ; sans y être provoquée
notre Académie aurait cherché à venger Waterloo.

Heureusement, ce qui commence toujours par diviser finit souvent
par rapprocher : il n'y a rien de plus fécond que les guerres, et surtout que les guerres d'idées. On se lassa bientôt d'écrire, il fallut se
voir, et MM. Carpenter et Falconer reçurent une invitation de venir
à Paris.

La géologie eut, elle aussi, son congrès, mais qui ne ressemble ni
à celui de Vienne ni à celui de Paris. Toutes les trompettes de la
Renommée auraient proclamé aux quatre coins du monde civilisé et
barbare les moindres sophismes tombés de la bouche de diplomates
réunis autour d'un tapis vert, et s'il se fût agi de savoir comment on par-
tagerait ce misérable lambeau de terre qui se nomme le Schleswig,
toute l'Europe eût été en suspens ; il ne s'agissait que de vérifier les
dogmes fondamentaux de la religion dominante, la science et la foi
se heurtaient dans un amphithéâtre du muséum d'histoire naturelle,
qui est-ce que cela pouvait intéresser ?

Dans cette circonstance, les savants anglais furent admirables : ils
vinrent sans s'apercevoir qu'on aurait dû venir les trouver, car l'asso-

ciation britannique, forum ouvert au monde entier et à toutes les doctrines tant anciennes que nouvelles, valait bien la peine que les géologues français prissent la peine de traverser le détroit.

Avouons que les Anglais arrivèrent à Paris avec l'espérance affichée de démontrer la légèreté des savants français. Eux en faisaient peut-être une affaire nationale, tandis que nous n'y pensions pas.

Quel triomphe pour l'orthodoxie si l'on avait pu renouveler les victoires de Cuvier dans la seconde moitié de ce siècle incrédule ; s'il avait été démontré que la mâchoire avait été inventée par quelque fils de Voltaire, si même l'on avait pu soutenir que les haches de silex pouvaient être une imitation possible d'objets grossiers !

Les géologues étrangers avaient d'autant plus beau jeu que la plupart de ces haches étaient admirablement conservées, mieux encore que celles des autres localités rivales de Moulin-Quignon, autres ateliers antédiluviens ; elles ne portaient aucun de ces signes de vétusté qui frappent immédiatement le public ignorant. On n'y reconnaissait aucune trace de cette rouille classique dont l'absence fait craindre que l'on n'ait entre les mains le fruit d'une race encore vivante d'ouvriers de mauvaise foi.

Au premier abord, rien ne paraît plus facile à exécuter qu'une fraude. En effet, il ne s'agit pas de façonner un objet que nos sculpteurs seraient incapables de produire comme une Vénus de Milo, même de contrefaire des pièces d'un travail très difficile comme les médailles romaines. Du moment que l'on est parvenu à saisir un tour de main fort simple, le métier de fraudeur est des plus aisés ; le manœuvre le moins intelligent peut profiter de la cassure conchoïde du silex pyriforme. En quelques minutes, pendant que les savants ont le dos tourné, il improvisera un instrument pareil à ceux que les sauvages de l'âge de pierre usaient si péniblement sur leurs polissoirs. Un ouvrier carrier de médiocre habileté gagnerait, sans aucun doute, d'excellentes journées en récoltant pour chaque hache des pourboires de dix ou vingt centimes prélevés sur la crédulité des collectionneurs d'antiquité ; s'il trouvait des amateurs en nombre suffisant pour utiliser convenablement un talent aussi peu difficile à acquérir. Cependant, en examinant de près les échantillons présentés, il ne fut pas difficile de découvrir des traces d'antiquité d'autant plus évidentes qu'elles échappaient à l'œil nu. C'est un terrible révélateur que la loupe qui va chercher de petites incrustations délicates, des marbrures imperceptibles. Il n'y a que le vulgaire qui s'arrête aux signes saillants ; c'est dans l'étude des détails que se révèle le savant compétent.

Pour être capable de contrefaire les marques que le grossissement nous montre, il faudrait des doigts de fée. C'est un premier miracle qui ne suffirait pas. Il en faudrait un autre ; c'est que des gens aussi habiles se contentent d'un salaire de quelques centimes seulement.

Pour vider cette importante question préjudicielle de l'authenticité des haches, il n'y avait plus qu'une seule ressource ; effectuer ce que, dans le langage juridique, l'on nomme une descente sur les lieux.

Les membres du congrès scientifique procédèrent à cette opération avec tout le mystère et la discrétion possible. Ils arrivèrent à l'improviste dans les fouilles et recrutèrent seize ouvriers expérimentés qui se mirent à fouiller le sol devant eux. Il était évidemment bien difficile qu'une fraude pût échapper complétement à une vingtaine de savants, surveillant avec un soin jaloux chacun des mouvements des travailleurs.

Si la poursuite avait été infructueuse on en aurait tiré sans doute des conséquences défavorables. Heureusement les carrières ne sont point à la veille d'être épuisées, car on ne tarda pas à découvrir neuf haches de silex qui furent toutes extraites du sol en présence de l'aréopage, et quelques-unes par les géologues eux-mêmes. Or, parmi ces reliques, dont l'authenticité avait reçu une consécration aussi solennelle, quatre ne possédaient pas cette fameuse patine que l'on prenait comme un procès-verbal d'antiquité. Il fallut donc reconnaître que les caractères extérieurs des haches de silex pouvaient varier suivant une foule de circonstances, tenant à la diversité des forces chimico-physiques auxquelles elles avaient été exposées pendant une longue période.

La mâchoire suivait naturellement le sort des haches de silex, lesquelles avaient passé un nombre prodigieux de siècles à côté d'ossements de grands mammifères appartenant à des espèces éteintes. Son état civil se trouvait reconstitué.

Vainement le *Petit Journal* et quelques autres publications répandirent le bruit que l'on avait arraché à prix d'or la confession de l'ouvrier coupable du subterfuge ; l'aveu annoncé avec tant d'éclat ne vit pas le jour, et la discussion ne roule plus aujourd'hui que sur l'interprétation qu'il faut tirer des faits dont nous avons donné l'énumération sommaire. La publication récente du livre de M. Boucher de Perthes, sur la mâchoire de Moulin-Quignon, nous permettra de revenir un peu plus tard sur quelques circonstances oubliées.

CHAPITRE XII

—

Nous n'avons pas besoin de faire comprendre de nouveau l'importance extrême des considérations historiques et religieuses qui sont engagées dans l'étude de la mâchoire de Moulin-Quignon ; car bien loin d'imiter l'orgueilleuse méthode de certains savants, nous nous sommes surtout attachés à faire bien comprendre la corrélation qui existe entre la découverte de M. Boucher de Perthes et une foule d'autres travaux indépendants en apparence.

Tout le monde sait, en effet, que l'on ne peut arriver à la certitude, surtout en science naturelle, qu'au moyen d'une espèce de démonstration régressive dont l'étude de l'astronomie nous offre le plus beau modèle que l'on puisse imaginer.

Persuadés qu'une vérité de l'ordre physique ne saurait être démontrée avec la netteté d'une théorème mathématique, reposant non sur des observations mais sur des axiomes, nous nous contenterons de l'établir comme s'il s'agissait de raisonner sur la rotation de la terre autour du soleil. Nous ferons comme les astronomes, qui ne se croient jamais en droit de négliger aucune espèce de considération. Le livre de la nature se compose de phrases qui s'enchaînent et se prêtent un mutuel appui. Le présomptueux qui croit pouvoir lire une feuille au hasard, indépendamment de ce qui précède et de ce qui suit, s'expose volontairement à commettre les plus grossières erreurs.

Il n'y a pas de science où les préoccupations religieuses, c'est-à-dire des idées *a priori* étrangères à la méthode et à la théorie scientifique, aient si longtemps dominé. La géologie a conservé, même dans sa nomenclature, la terrible livrée d'une éducation sacerdotale qui sert aux confusions des sens, et permet des embuscades dangereuses.

Le mot *ontediluvien*, dont on s'est servi pour désigner l'homme fossile, a été très habilement exploité par de faux rationalistes, qui affectent de croire que l'on défend l'intégrité des écritures en soutenant la haute antiquité de la mâchoire de Moulin-Quignon. Heureusement, la présence d'ossements humains dans les terrains d'alluvion n'a rien à voir avec la réalité du déluge de Noé.

Quand bien même on trouverait l'empreinte d'un squelette humain dans les couches de la période carbonifère, incrusté dans les terrains siluriens, cela ne prouverait nullement la navigation de l'arche au-dessus du mont Ararat. Le malheureux terme *antediluvien* a été remplacé par le mot *fossile*, mais celui-ci est-il irréprochable? Ne vaut-il pas mieux se servir de l'épithète *primi genius* pour indiquer un être semblable dans l'essence à nous, différant dans certains détails de l'organisme; homme quant à sa configuration essentielle, mais homme imparfait si on le compare aux types que nous pouvons avoir sous les yeux dans les sociétés qui marchent en tête de la civilisation.

Des savants captieux, brandissant donc le terme antédiluvien mieux que les sauvages ne lançaient leurs haches de silex, se font un mérite de leur indépendance vis-à-vis des orthodoxes. Est-ce qu'ils ne rendent point aux libres penseurs le service de les débarrasser d'une preuve de l'universel déluge de Noé en repoussant cet ancêtre antédiluvien?

En même temps, ils se font pardonner leur négation du déluge en montrant qu'ils sauvent une partie bien plus essentielle du livre par cette salutaire amputation. En effet, il n'est pas nécessaire d'être grand théologien ou grand naturaliste pour reconnaître que les doctrines nouvelles ébranlent la distinction de l'homme et du singe; ce point admis, que reste-t-il des doctrines de la chute et de la rédemption? Nous avons vu plus haut avec quel soin ces pharisiens ont fait l'analyse des os, comme si par une simple opération chimique la chronologie de la nature pouvait être établie; l'os renferme un peu de gélatine, voilà, disent-ils, la fraude constatée.

Mais quand on a vu les chiens des Samoïèdes se repaître d'une *chair fossile*, quand on a vu les excréments d'oiseaux se conserver intacts pendant des millions d'années, on se demande de quel droit ces sophistes veulent fixer un terme à la puissance de résistance de la charpente osseuse, et dire à la gélatine : tu ne resteras pas en terre plus d'un nombre déterminé de milliers d'années.

De l'autre côté, ces mêmes physiciens cherchent à établir une distinction arbitraire entre le diluvium et le dépôt meuble des pentes.

L'opposition systématique est certainement l'arme la plus dange-
reuse de toutes, pour ceux qui la manient. En effet, c'est l'acharnement des adversaires de toute grande vérité qui conduit à trouver les
raisons les plus convaincantes, les preuves en quelque sorte les
plus naturelles, mais qu'on découvre généralement en dernier.

Le rôle de négateur *in extremis*, peu flatteur, peu agréable même,
n'en est pas moins très utile à l'ensemble de la culture intellectuelle.
Les intérêts scientifiques seraient compromis si l'on n'entendait pas
quelques affreux cerbères de la routine défendre la porte de nos académies contre la tourbe des novateurs toujours un peu téméraires.

En effet, entraînés par leur génie, les inventeurs ne se contenteraient trop souvent que de demi-raisons, de preuves par à peu près.
c'est avec justice que la postérité associera Nonnotte à la gloire
de Voltaire, à qui sa critique a inspiré plus d'une vérité. Le nom des
Nonnottes scientifiques n'est pas non plus compromis; certainement il
ne périra pas plus que ceux de Darwin et d'Huxley.

Un des avantages des difficultés soulevées par les princes de la
science officielle, c'est d'avoir mis en lumière la nature du diluvium.
Le diluvium le plus rouge est essentiellement analogue aux modes-
tes alluvions qui se forment dans le jardin du Luxembourg, par exemple, tous les jours d'orage, où des tas de sable s'accumulent sous les
yeux mêmes des sénateurs membres de l'Institut, et que ces derniers
doivent voir malgré eux, à moins qu'ils ne ferment les yeux en passant près de ces amas compromettants.

Des couches d'alluvion qui ont quinze et vingt mètres d'épaisseur,
voilà certainement un témoignage de constance et de stabilité dans les
forces génératrices, direz-vous peut-être. Mais si vous regardez l'ensemble de la contrée, vous verrez plutôt qu'elle porte, au contraire,
l'empreinte de la fureur et de l'instabilité. En effet, si les eaux ont ap-
porté ces immenses dépôts arénacés, ce sont elles qui, par compensation, ont ouvert même, et remanié les bancs qu'elles s'étaient plu
à accumuler. Quelques pas plus loin, les couches sablonneuses ont
complétement disparu.

Cependant il ne faut pas croire, en présence de ces résolutions, que
le monde ait beaucoup changé pendant quarante ou cinquante mille
ans. Ne tombons pas d'une extrémité dans l'autre. Le chemin de la
vérité est étroit; tenons-nous loin du gouffre de la crédulité; mais n'allons pas nous heurter contre des excès non moins funestes. Il y a bien
assez de merveilleux dans la nature pour que nous ne devions pas
chercher à y mettre celui qui se trouve dans notre imagination. Encore

une fois, la mâchoire de Moulin-Quignon n'a pu être recouverte que par des causes en quelque sorte actuelles. Si les éléments de l'air, de l'eau, de la température avaient beaucoup différé de ce qu'ils sont à cette heure, nous n'aurions pas découvert ce débris d'un crâne que, peut-être, les idiots de nos hospices devraient envier au propriétaire de Moulin-Quignon.

Si l'atmosphère avait contenu des torrents d'acide carbonique, on n'aurait trouvé que les végétaux, que les animaux rudimentaires de la période carbonifère. Si l'homme fût venu au monde par impossible, c'eût été pour avorter, comme il doit arriver à toute race trop hâtive. Si la chaleur centrale s'était fait sentir avec la même énergie que du temps de la période diluvienne, on n'aurait trouvé au sommet de la série animale que d'obscurs trilobites, à qui appartenait alors l'empire du monde; l'homme n'aurait pas pu venir le leur disputer.

Quelques degrés de plus dans la chaleur qui nous vient du soleil, quelques degrés de moins dans la température des hivers, voilà de quoi expliquer naturellement la terrible dentelure des montagnes, et le ravinement effrayant des fleuves. Le déluge passe à l'état normal, si nous admettons que l'astre ait des accès de générosité, que nous nous trouvions dans une plage plus froide du Cosmos, ou même que les glaces polaires se soient approchées de l'équateur par suite du mouvement de la ligne des absides de notre orbe. En un mot, les oscillations de la chaleur doivent être assimilées à la force vive des eaux d'un fleuve, qui deviennent facilement terribles lorsque l'on augmente à la fois le volume et la hauteur de leur chute.

Du reste les forces mêmes qui se meuvent dans notre monde quaternaire ne sont point à dédaigner. Voyez en effet ce globe que tant de gens considèrent comme stable, comme presque achevé, voyez comment il est troublé. Tantôt c'est par l'éruption du Vésuve, tantôt par l'engloutissement de Manille, par la disparution de Midlle Level, par le cyclone de Calcutta. Dieu seul, diraient les musulmans, sait s'il ne surgira pas quelque nouveau continent sortant tout humide du fond des mers travaillées depuis longtemps par quelque feu souterrain. Tout ceci est fort naturel. Ce qui serait incroyable, c'est que des ossements associés dans la même sépulture proviennent d'animaux et d'hommes séparés par des milliers d'années et s'étant rencontrés pour la première fois dans le fond d'un tourbillonnement. Il faudrait avoir recours à un prodige doublé d'un autre prodige pour interpréter un fait simple si l'on avait une aussi étrange opinion. Mais est-ce que la nature même de la simplicité dans toutes choses ne doit pas être interprétée simplement?

CHAPITRE XIII

—

LA MACHOIRE

On a donné bien des descriptions anatomiques de ce célèbre fragment de squelette, mais ces détails ne posséderaient d'importance
réelle que si la géologie positive en était restée à cette première conquête. Aussi nous bornons-nous à résumer les conclusions auxquelles
les professeurs d'anatomie comparée ont fini par arriver.

La mâchoire a tellement servi, qu'elle est usée par la mastication ;
elle doit donc appartenir à un homme qui a assez vécu pour avoir eu
le temps de beaucoup manger. Elle est de très faible dimension, ce
qui indique chez un vieillard une tête extraordinairement petite, ou
plus probablement, d'après ce que nous avons vu, une taille bien
au-dessous de la moyenne. Enfin, la forme générale de cet os indique
un développement relativement plus grand par rapport au crâne qu'il
ne l'est chez les hommes bien conformés. Voilà des indications vagues
comme le seront toujours celles que l'on peut tirer de l'étude non-seulement d'un os, mais encore d'un crâne unique. Car nous n'en sommes
point arrivés à reconstituer le portrait de l'être, guidés par un fragment
de son squelette. Or, l'être lui-même, fût-il connu par sa forme corporelle, serait encore un mystère.

Certains critiques n'ont point manqué de dire que cet os était trop
pareil à ceux que l'on peut rencontrer dans tous nos cimetières pour
admettre un changement dans la race humaine. Si l'os avait plus varié
dans sa forme, ils diraient, sans aucun doute, ce n'est plus un homme,
c'est un singe, car il n'est pas nécessaire d'avoir recours à de grandes
différences pour faire tomber la balance du côté de l'animalité.

Quand les différences se tiendraient dans la limite de celles que nous pouvons constater chez l'homme vivant, ce qui n'est peut-être point tout à fait exact, elles n'en seraient pas moins suffisantes pour légitimer *cinquante mille ans* d'évolution constante. Supposez, par exemple, que l'humanité soit passée pendant cette période du type de l'Australien au type de l'homme raisonnable des Washington, des Franklin, des Arago, des Agassiz, des Darwin, aurait-elle donc perdu son temps, faudrait-il regretter le long enfantement de l'histoire? Qui aurait l'audace d'accuser la nature de nous avoir traités en marâtre? Supposez qu'il s'écoule encore cinquante mille ans pour accomplir un progrès pareil, est-ce que vous ne seriez pas fiers de nos petits-neveux? Est-ce qu'il ne vous suffirait pas de savoir, avant de vous endormir à votre tour, que les Hugo, les Lincoln de l'avenir seront alors aux nôtres ce que les nôtres sont au propriétaire de la mâchoire de Moulin-Quignon?

Quelques grammes de moins dans la cervelle, un front un peu moins développé, les instincts animaux un peu plus en prédominance, tout cela n'est point de nature à frapper l'imagination de la foule, et cependant la nature va si lentement dans le perfectionnement de l'homme que ce peu représente bien des générations.

Mais allons plus loin encore, supposons que le progrès des 500 futurs siècles consiste à rendre vulgaire la vertu d'un Caton, celle d'un Sénèque ou d'un Epaminondas, admettons que le développement organique de la race se borne à l'élimination des types orgueilleux, despotiques, serviles et rapaces, est-ce que la race humaine ne serait pas suffisamment transformée?

Au point de vue purement anatomique, les différences entre l'homme et l'homme sont plus grandes qu'on ne le croit communément. Ainsi, le nombre des segments de la main peut varier de *quatre à six* sans que le plan général de l'organisation soit altéré d'une manière sensible.

Si l'on avait intérêt à constituer des familles *polydactyliques* ou *syndactiliques*, on arriverait sans doute à constituer sérieusement la race des hommes à huit doigts ou celle des hommes à douze, avec une égale facilité. En effet, ces dispositions anormales montrent une tendance évidente à se perpétuer par l'hérédité.

On oublie trop que l'animal le plus flexible, sur lequel puisse agir l'homme, est l'homme *lui-même*.

En mesurant la capacité crânienne d'un gorille, on trouve environ la moitié de la capacité crânienne d'un idiot, et le chiffre de la capacité crânienne d'un idiot n'est que la moitié de la capacité crânienne d'un Cuvier où d'un Gœthe. Il y a donc au moins aussi loin du plus intelligent des singes au moins intelligent des hommes, que du moins intelligent des hommes, aux grands initiateurs de l'humanité. L'idiot est à moitié chemin entre le génie créateur et la brute, trop loin de la raison pour comprendre les vérités démontrées, trop loin de l'instinct pour vivre de la vie des bêtes sauvages.

Une anatomie plus savante que la nôtre pourrait étudier tous les replis des os qui constituent la fameuse mâchoire. — Si nous étions plus habiles, nous examinerions à la loupe la place de l'insertion des muscles, la manière dont chaque dent s'est trouvée limée, nous en tirerions des conclusions à perte de vue sur le prognathisme, sur le développement cérébral, etc., etc. Il resterait peut-être la ressource d'invoquer le concours d'un médium. Pourquoi ne pas faire comparaître l'homme à la mâchoire, en esprit, nous allions presque dire en personne, devant la barre de nos tables tournantes? Que de choses il nous confierait sur le monde primitif !

Toutefois, en incrédules que nous sommes, nous préférons nous en tenir à ce que dit l'histoire, dont nous emprunterons sans rougir les enseignements.

Encore une fois, la géologie n'est pas pour nous une science de mauvaise humeur et de mauvaise compagnie, qui ait intérêt à s'isoler de ses sœurs ; nulle, au contraire, n'a autant d'intérêt à chercher partout un secours toujours utile.

Du reste, il n'est pas étonnant que rien ne lui soit étranger, car elle s'occupe de la terre, qui est la base de tout, car comme dit le proverbe latin :

Fert omnia tellus.

CHAPITRE XIV

—

L'HOMME FOSSILE EN FRANCE

Le caractère le plus saillant que possède certainement la vérité, c'est qu'elle n'éprouve jamais de défaite définitive. Quelque funestes que soient les épreuves qu'elle doit subir, elle est toujours sauvée de la main des Béotiens, parce qu'elle trouve dans l'esprit humain ce que je ne craindrai pas d'appeler une irrésistible attraction vers la réalité qui prouve la légitimité de notre existence, qui démontre que la nature ne s'est pas trompée en nous donnant notre sublime apanage, la raison, dont nous savons quelquefois faire un si brillant usage.

Supposons qu'un nouveau Cuvier, aussi éloquent que son prédécesseur, ait triomphé de la science du grand géologue d'Abbeville ; que les députés de la science anglaise, au congrès de la mâchoire, aient montré une moins admirable loyauté : la victoire de l'homme fossile n'aurait été qu'ajournée. Mettez encore un siècle de progrès, et vous ne pouvez supposer que le doute ait persisté. Au contraire, une théorie artificielle, quelque raffinée qu'on la suppose, ne peut avoir qu'un succès tout-à-fait momentané.

Toutefois, comme nous avons eu occasion de le remarquer plus d'une fois dans le cours de cet ouvrage, les conséquences de la défaite auraient été terribles ; les pionniers d'idées qui défrichent laborieusement le sillon de la géologie auraient laissé échapper une espèce de sauve-qui-peut désorganisant sans doute toute l'armée des penseurs.

En effet, l'histoire du progrès des sciences nous montre que les zouaves de la pensée sont susceptibles de se laisser entraîner par une terreur panique, aussi bien que de ressentir les plus sublimes entraînements.

L'issue favorable du congrès de la mâchoire se fit sentir, non-seulement dans le milieu académique, mais encore dans les sphères de la publicité spéciale. D'un côté, elle augmenta notablement l'autorité des partisans de la haute antiquité de l'homme, et de l'autre, par un juste retour, elle frappa de vertige les derniers paladins du pouvoir scientifique du mosaïsme. L'anecdote suivante suffit pour en juger :

Presque fossile lui-même depuis la retraite de son directeur, le *Cosmos* n'avait pas senti le courage d'adopter les idées nouvelles, et le soin de faire justice des novateurs fut confié à M. Hœffer, conservateur, qui n'était guère moins aventureux ; car ayant à contester l'authenticité de travaux hydrauliques, dont nous parlerons dans la suite, et qui furent découverts dans les lacs de la Suisse, ce publiciste ne craignit pas d'avancer qu'ils avaient été construits, non par des hommes, mais par des castors ! Les armes et ustensiles qui parsemaient les fonds de ces lacs étaient sans doute tombés des poches des chasseurs qui, plus tard, livrèrent au pillage ces villages *castoréens*, rivaux de nos cités humaines.

La réponse de la vraie géologie fut foudroyante, et le malheureux avocat des castors n'eut qu'à courber la tête. Ce fut le *Monde*, moniteur béni de la science chrétienne, qui se chargea d'accueillir le mémoire décisif de M. Vibraie.

Le coup qui frappa l'infortuné M. Hœffer partit donc d'un journal *ultracatholique*, et conservateur en matière scientifique. On n'est jamais trahi que par les siens. A la *Presse scientifique*, qui depuis l'origine de la querelle avait pris parti pour les novateurs, vinrent se joindre lentement d'autres organes spéciaux de la presse quotidienne, qui croyaient peut-être déroger en servant à un public avide de nouveautés des nouvelles du monde antédiluvien !

Les *Annuaires scientifiques*, qui avaient presque tous montré de la mauvaise volonté, de la répugnance, de l'indécision pour heurter de front les préjugés habituels aux lecteurs d'almanach, sortirent du moyen terme qu'ils avaient la prétention de garder.

M. Gabriel Mortillet, géologue italien, très dévoué aux recherches scientifiques, résolut de centraliser tous les documents relatifs à la grande question de l'homme fossile. Il vint à Paris pour donner une plus vive impulsion à ce mouvement, et fonda un journal spécial destiné à mettre en évidence la haute antiquité de notre race.

Enfin, la publication d'une traduction française d'un excellent ouvrage du célèbre professeur Lyell, fournit au public studieux un formidable faisceau de preuves irréfutables.

Pendant ce temps, les communications s'accumulaient devant l'*Institut*. Parmi les plus saillantes, nous citerons les deux demi-mâchoires découvertes dans la caverne de Bruniquel, dont nous avons déjà eu occasion de parler. La descente sur les lieux avait été faite par MM. Louis-Martin Garrigou et Trutal, en présence du *curé de cette commune*, de son neveu et de cinq ouvriers. Excellente précaution, quand les ecclésiastiques du lieu veulent s'y soumettre, que d'opérer les fouilles sous l'inspection des adversaires nés de la haute antiquité de l'homme.

Les deux demi-mâchoires, qui portaient les traces de l'organisation brachycéphale [1], se trouvaient enfouies sous une épaisseur de deux mètres de terre, dans une couche d'argile contenant en grande quantité des fragments de charbon, des silex taillés, des ossements de ruminants. *Cette couche en supportait une autre de même nature, mais n'offrant pas de charbon de bois ; le tout était surmonté par une brèche osseuse et par une stalagmite.* Les auteurs de cette communication font remarquer avec raison que le type brachycéphale semble avoir régné pendant longtemps à la surface du globe, car nous le voyons correspondre successivement à l'ursus spœleus, à l'éléphas primigenius et au renne. Il faut de prodigieuses périodes d'années pour que la nature de l'être humain change de nature d'une manière non pas très sensible, mais même appréciable pour des anthropologistes. Cela tient, nous le verrons plus tard, à ce qu'il ne se borne point à obéir aux puissances extérieures.

Si d'un des deux côtés l'on n'avait pratiqué la vertu commode de l'abstention, la controverse aurait été aussi vive que celle qui éclata un peu avant la mort de Gœthe entre Geoffroy Saint-Hilaire et Georges Cuvier. Mais le combat se ralentit par la faute des adversaires, qui accablés par le nombre et par la gravité des preuves, se contentèrent de garder dans la plupart des cas un silence tout à fait prudent, et presque aussi significatif qu'un aveu d'impuissance. S'ils avaient relevé le gant toutes les fois qu'il leur fut jeté, nous n'aurions pas vu la querelle de l'homme fossile éclipsée par celle de la génération spontanée.

En effet, chaque fois que les *antimâchoiristes* ouvrirent la bouche, la réponse fut rapide et décisive.

Quelques doutes ayant été émis sur la participation de l'action intelligente de l'homme à la mutilation des os appartenant aux grandes

---

[1] L'une appartenant à un adulte et l'autre à un vieillard ; celle du vieillard offrant le caractère brachycéphale au plus haut degré.

espèces fossiles, **MM. Garigou** et Mortier, qui avaient provoqué cette manifestation *antimâchoiriste*, ne laissèrent pas longtemps le public sous l'impression qu'elle avait produite.

Quinze jours après, les deux associés lisaient devant l'Institut attentif un mémoire étudiant avec détail les fractures constatées sur les os des grandes espèces fossiles.

Il ne leur fut pas difficile de prouver d'une manière péremptoire que plusieurs de ces mutilations avaient eu lieu pendant que l'os était encore frais, et de rendre ainsi la contre-partie de l'histoire de la gélatine trouvée dans la dent de Moulin-Quignon. En effet, plusieurs des cicatrices, laissées par un instrument tranchant, portaient encore la trace des dents des chiens du monde primitif, déjà commensaux et fidèles serviteurs de l'humanité naissante !

Ce succès légitime enhardit ces jeunes savants, qui voulurent faire un pas de plus, et établir dans les reliques des cavernes des distinctions analogues à celles que l'on avait constatées dans les tourbières du Danemark et dans les villages lacustres de la Suisse. Ils s'efforcèrent d'établir que l'âge des cavernes était contemporain de celui où les hommes cherchaient un refuge au milieu des eaux. Faible et environné d'ennemis, l'homme ne pouvait guère songer qu'à se dérober, et son premier génie fut sans doute de se renfermer dans quelques grottes inaccessibles.

Nous pouvons résumer ces recherches en disant qu'elles démontrent encore qu'il existait dans ces cavernes plusieurs couches superposées de civilisation embryonnaire ; et que la sauvagerie des hommes croissait manifestement avec la profondeur de l'ensevelissement des débris de leur vie sociale, mais ces recherches, d'une nature plus délicate, ne peuvent être développées dans un travail de la nature de celui que nous avons entrepris, et dont nous avons écarté autant qu'il a été possible les questions historiques proprement dites.

Nous n'ignorons pas que le monde antique retrouvera un jour ou l'autre ses chroniqueurs. Peut-être les futurs annalistes de ces âges lointains seront-ils assez perspicaces pour reconstituer les chroniques de peuples qui ont passé sur la terre sans savoir même ce que c'est que l'histoire.

Mais notre rôle n'est point de déchiffrer l'une après l'autre les énigmes que la découverte de l'homme fossile propose à l'esprit investigateur des archéologues. Nous bornons humblement notre ambition à constater que l'être pensant s'est heurté contre les grands carnassiers. Peu nous importe en ce moment de connaître l'usage qu'il a pu faire de ses sublimes facultés. C'est un problème que les siècles futurs pourront peut-être seuls résoudre, ou plutôt dont il est permis d'espérer qu'ils puissent un jour esquisser la solution ! Ce n'est point à nous qu'échoit la triste tâche de faire l'énumération de tous les crimes, de toutes les erreurs qui ont déshonoré, sans aucun doute, le monde avant l'avénement des premières vertus.

CHAPITRE XV

—

Malgré les incontestables succès obtenus par les *mâchoiristes* dans toutes les discussions académiques, leur triomphe serait incomplet si la querelle de l'homme fossile n'avait produit que des monographies et des mémoires.

En effet, les polémiques s'oublient, et doivent être considérées comme impuissantes, quand elles ne produisent aucune théorie complète.

Les arguments les plus décisifs s'émoussent lorsqu'ils ne sont point incorporés dans quelque monument scientifique élevé par un auteur de génie.

L'homme fossile aurait été enfoui au milieu de sa victoire si des esprits distingués ne s'étaient chargés de la couronner, de la fertiliser, de publier des travaux qui la développent, qui en rendent le souvenir impérissable !

L'*Unité de l'espèce*, de Darwin; l'*Antiquité de l'homme*, de Lyell, et les *Leçons sur l'homme et la place qu'il occupe dans la nature*, de Ch. Vogt, professeur à l'Université de Genève, forment comme une trilogie indivisible. Heureux si nous avons pu nous inspirer suffisamment de l'esprit véritablement scientifique qui anime ces magnifiques publications. Puisse le trop rapide résumé que nous soumettons à nos lecteurs avoir été suffisamment lucide pour leur faire apprécier toute l'importance du problème que, modeste volontaire, nous avons élaboré sous l'inspiration de ces travaux éminents !

Ajoutons encore à ces ouvrages magistraux, le livre spécial que M. Boucher de Perthes vient de publier sur le conflit de la mâchoire, débat scientifique dans lequel il a joué un rôle si brillant, et l'ouvrage du célèbre anatomiste Huxley sur la place que l'*Homme doit occuper dans la nature.* Cet ouvrage, écrit d'une façon dogmatique, n'a point été traduit en français et ne le sera peut-être jamais; le livre de M. Ch. Vogt reproduit, sous un titre analogue et d'une façon plus compréhensible pour le vulgaire, les principaux arguments qui s'y trouvent réunis avec une très grande puissance de synthèse

Analyser en détail l'œuvre de M. Vogt, ce serait en quelque sorte revenir sur les raisonnements que nous avons développés dans une autre partie de ce recueil. Nous nous bornerons donc à indiquer quelques points de détail dans lesquels nous différons d'opinion avec le célèbre professeur de Genève, et qui nous paraissent dignes d'être élucidés.

Tout le monde a admiré les beaux travaux de la Société d'anthropologie de Paris, et le soin avec lequel les capacités de crânes d'une foule de squelettes ont été mesurées par divers observateurs du plus haut mérite, parmi lesquels nous devons mentionner M. Broca, le savant secrétaire de la Société d'anthropologie de Paris.

Mais il nous semble que M. Ch. Vogt attribue une trop grande valeur aux résultats offerts par ces recherches, qui, malgré leur importance capitale, ne peuvent être regardées que comme offrant une première approximation souvent bien insuffisante.

N'est-il pas évident que les volumes ou les poids du cerveau, ou même les longueurs des circonvolutions cérébrales, doivent être rapportés à une taille type du sujet observé? N'est-il pas raisonnable d'adopter un coefficient de réduction, si le sujet est grand, ou d'augmentation si le sujet est petit? Des déviations considérables de la proportion normale constituent des infirmités ou monstruosités réelles, qui doivent être écartées, et nous ne parlerons point de ces cas qui appartiennent au domaine de la tératologie. Il est clair, en effet, que des individus porteurs d'une tête tellement grosse, que le corps ne pourrait plus suffire à la nourrir seraient aussi mal partagés que les idiots atteints de microcéphalie, le vice organique contraire. Quoique l'intelligence soit le fruit de l'action cérébrale, l'organe de la pensée ne fonctionne pas indépendamment du jeu des autres fonctions du corps. Il n'est pas logique de considérer *isolément* une partie qui est par excellence l'instrument de la vie de relation. Quand on peut aller plus loin, on a grandement tort d'évaluer la puissance cérébrale par un poids absolu, comme s'il s'agissait de déterminer la force de contraction d'un muscle.

Cette confiance exagérée dans la valeur absolue des documents recueillis en pesant les cerveaux, paraît avoir conduit M. Ch. Vogt, qui juge si bien la place de l'homme dans la série vivante, à méconnaître celle de la femme dans la série humaine. En effet, négligeant de remarquer que le poids moyen du corps des femmes est sensiblement moindre que le poids moyen du corps des hommes, le savant physiologiste arrive à des conséquences véritablement monstrueuses. Il est conduit, sans doute malgré lui, à classer les femmes de France et d'Angleterre après les hommes sauvages, à cause de la faiblesse du poids absolu de leur encéphale !

Cette erreur est d'autant plus étrange que les anciens physiologistes, tels que Burdach, rendaient une magnifique justice à la moitié, non-seulement la plus gracieuse et la plus affectueuse, mais encore la plus réellement intelligente du genre humain.

En effet, Burdach reconnaissait, ainsi que Schmerling, que le poids relatif de l'encéphale est plus considérable chez la femme que chez l'homme. Les anciens artistes avaient reconnu la supériorité réelle du sexe affectif malgré son infériorité corporelle. La proportion de la longueur de la tête à celle du corps est plus grande chez la Vénus de Médicis que chez l'Apollon du Belvédère !

Ne voit-on pas du reste que les femmes ont assez de finesse d'intelligence et de pénétration pour gouverner les hommes et pour suppléer à leur faiblesse organique, au moyen du développement de leurs facultés intellectuelles ? Cependant, combien les institutions sociales et les mœurs ne sont-elles pas contraires à l'épanouissement de leur nature ?

N'est-il pas vrai de dire que l'état des femmes est le meilleur thermomètre de l'état de civilisation d'un peuple, ce qui serait absurde si le sexe féminin en bloc se trouvait rangé derrière le dernier des hommes ? Les nations qui oppriment la femme périssent, et c'est justice ; celles qui l'honorent et la respectent, comme la République des Etats-Unis, ont toujours ouvert devant elles un avenir de gloire et de bonheur.

Il est faux, du reste, de dire que les femmes soient toujours invariablement attachées aux préjugés du vieux monde ? Peut-être est-ce parce qu'on a négligé de s'occuper d'elles qu'elles ont dédaigné de se passionner pour les nouveautés, et que nous n'avons fait en Europe qu'un beau rêve.

CHAPITRE XVI

—

La géologie nouvelle a perdu en Angleterre un de ses plus fervents adeptes, M. Hugh Falconer, qui est mort, il y a quelques mois, à l'âge de 53 ans seulement. Comme la part que cet homme illustre a prise à la question de l'homme fossile est immense, sa carrière nous servira à apprécier le mouvement britannique.

M. Falconer fut élève de l'Université d'Edimbourg, pépinière féconde d'hommes remarquables par la haute indépendance de leur génie philosophique. Ses succès dans ses études furent si rapides qu'à vingt et un ans il avait conquis son brevet de docteur, et que bientôt après il était nommé aide-major dans l'armée du Bengale. Trop jeune encore pour prendre possession de son poste, il fut obligé de séjourner à Londres pendant près de deux ans, et cette circonstance décida de sa carrière géologique. En effet, il dut à son séjour forcé dans une des capitales de la civilisation moderne, l'occasion d'étudier la magnifique collection de fossiles que M. Crawford avait rapportés de sa mission chez les Birmans.

C'était la première fois que la vieille terre d'Orient s'ouvrait devant le marteau de nos géologues, et le monde savant était sous le poids d'une émotion aussi vive que celle qu'il éprouva lorsque Dupéron apporta les Védas. Quelle merveilleuse coïncidence propre à enflammer l'imagination d'un jeune adepte des sciences positives ! Le moment où il naissait à la vie intellectuelle était celui où d'éminents naturalistes constataient d'étranges rapports entre la faune fossile de nos régions tropicales et celle de nos régions tempérées !

A peine arrivé dans l'Inde, Falconer se fit connaître par un article inséré dans le *Glaneur scientifique* de Calcutta. La valeur du mémoire était légère; c'était un modeste début, mais l'intention était excellente, et puis, les travailleurs sont si rares dans ces opulentes sociétés coloniales! Elles ont si fort à faire en se bornant à jouir de la nature, qu'elles négligent presque toujours de l'étudier.

Ces débuts valurent au jeune Falconer l'amitié et la succession du célèbre docteur Royle, un des célèbres pionniers à qui la botanique doit la connaissance de la flore indienne. Quelques mois après son débarquement dans l'Inde, un jeune géologue de 24 ans se trouvait donc à la tête d'un établissement scientifique où tout était à créer, mais dans une situation merveilleuse, providentiellement adaptée à l'éclosion des plus grandes pensées. Figurez-vous une ravissante oasis de culture, dans un admirable terrain d'alluvion compris entre le confluent du Gange et de la Summa. D'un côté l'on peut apercevoir la luxuriante végétation de la forêt de Tarai, et de l'autre les monts Sedgwick, promontoire avancé, premier contre-fort de l'Himalaya.

Falconer ne fut pas détourné de sa voie par l'insuccès d'une première tentative. Avant d'avoir démontré la haute antiquité de l'homme, Falconer y croyait par intuition. Est-ce que pour l'habitant de l'Inde l'homme fossile n'était point pour ainsi dire dans l'air ?

Comment, en effet, un penseur aurait-il pu ne pas songer à la haute antiquité de notre race en présence de deux fleuves consacrés par les Brahmines ? N'était-ce point dans ces plaines où les bouddhistes avaient jadis médité sur les transformations du monde, au bord de ces eaux divines où s'étaient opérées les innombrables métamorphoses de Vichnou, que l'on devait entrevoir les nuageux débuts de l'être raisonnable ?

Les travaux de Falconer, qu'il menait de front avec sa profession médicale, produisirent la découverte d'un nombre prodigieux de fossiles, parmi lesquels on remarque les premiers *quadrumanes* qui aient jamais été exhumés ; on retira des couches profondes de l'Himalaya un nombre effrayant de proboscidiens appartenant aux genres mastodonte et éléphant, une espèce éteinte de rhinocéros, des hippopotames, des chevaux, des ruminants aux proportions colossales, des carnassiers non moins gigantesques, des autruches, des reptiles, des serpents, une énorme tortue, écaille de *cholossochlelys atlas* dont le souvenir semble avoir persisté dans la mythologie des Brahmines, car ils supposent que la terre repose sur le dos d'une tortue gigantesque chargée de remplir, au nom de Brahma, le rôle de l'attraction newtonienne.

Parmi cette multitude immense de fossiles encore inconnus, Falconer retrouva un grand nombre de formes appartenant aux types d'Europe et d'Afrique. La démonstration *ébauchée* par l'étude des fossiles d'Ava se trouvait, pour ainsi dire, complétée merveilleusement. On pouvait démontrer, ces ossements à la main, que la terre avait traversé une époque très lointaine de nous, où les faunes de l'Inde et de l'Europe offraient une étrange analogie. N'était-ce point la grande activité de la chaleur centrale qui entretenait dans le monde entier cette *unité primordiale de climats?*

Mais ce n'est pas tout, et l'observation de ces formes éteintes forçait des savants consciencieux à formuler d'autres conclusions bien plus importantes.

Parmi les fossiles recueillis se trouvait un singe dont le squelette n'offrait pas de différence bien appréciable avec le squelette des singes de nos jours. La période glaciaire, qui a mis fin dans nos régions boréales au règne de notre flore et de notre faune héroïque, ne s'est donc point étendue sur le district où les formes anciennes ont persisté, quoique amoindries ou atténuées pour la plupart.

Pourquoi l'homme ne se serait-il pas rencontré avec son proche voisin de la série vivante? Est-ce que la tortue gigantesque n'avait pas été aperçue par nos premiers parents? se demandaient courageusement MM. Falconer et Cautley dans le mémoire qu'ils envoyaient en 1844 à la Société royale de Londres. L'espoir de rencontrer l'homme fossile animait leur courage, et on les vit bouleverser avec une infatigable persévérance les couches les plus profondes, afin de retrouver les restes sur lesquels tant de penseurs ont cru mettre la main.

Six ans après, Falconer explorait les plus grands glaciers du monde, ceux des sources de l'Indus, qui, s'élevant à une hauteur de 8 à 9,000 mètres, défient les plus audacieux grimpeurs, et auprès desquels ceux des Alpes ne sont que des miniatures. Lorsqu'il retourna en Europe, pour la première fois après onze ans d'absence, le grand géologue avait parcouru les immenses arêtes de l'Himalaya, les gigantesques plaines d'alluvions qui s'étendent à leurs pieds. Il ne s'était pas borné, comme trop de voyageurs ont la coutume de le faire, à traîner ses pas timides sur les traces de ses devanciers, mais il avait ouvert à la science d'immenses trésors, encore inexplorés.

Ses travaux lui avaient valu la médaille Wollaston, partagée avec un de ses collaborateurs, le capitaine Cantley; les neuf années de son séjour en Europe furent occupées par la publication de la *Flora sivalensis*, la faune de Sivæ, le dieu de la destruction, et il retourna dans l'Inde comme directeur du Jardin botanique de Calcutta.

Quoiqu'il ne perdît pas de vue le sujet principal de ses préoccupations scientifiques, il s'adonna particulièrement à la botanique dans cette partie de sa carrière. On lui doit, comme M. Barral l'a fait re-marquer dans sa chronique de la *Revue horticole*, l'acclimatation de l'arbre à thé dans la province d'Assam, et aussi celle du quinquina.

Le directeur d'un établissement scientifique aura plus fait pour l'en-richissement de la Péninsule que peut-être le plus illustre des empe-reurs de Delhi !

Aussitôt qu'il fut de retour en Angleterre, il se remit avec une ar-deur qu'on pourrait appeler de l'acharnement à l'exploration des ri-chesses paléontologiques du monde entier. Il lui fallait découvrir l'homme fossile, afin de mourir tranquille.

En 1860 il explorait les cavernes de Gower, en compagnie de son ami le lieutenant-colonel Wood. C'est dans le remarquable Mémoire qu'il rédigea à cette occasion que l'on établit pour la première fois l'existence, dans la Faune fossile d'Angleterre, de deux membres im-portants des espèces tropicales, l'*éléphas antichus* et le *rhinocéros hœ-mithœcus*. Il y établit en outre, d'une manière définitive, que ces ani-maux existaient après la période de submersion qu'éprouva l'Angle-terre pendant la période glaciaire.

C'est encore Falconer qui communiqua au meeting de l'Association britannique de Cambridge la description de l'éléphant pygmée de Malte, découvert inopinément par un de ses amis dans la caverne osso-fère de Zabbuz.

Enfin, lorsque des esprits ingénieux, mais amateurs du paradoxe et ennemis de la simplicité scientifique, mirent en avant la théorie de l'excavation des lacs par l'action des glaces, Hugh Falconer invo-qua contre ces hérésies scientifiques les témoignages fournis par l'Hi-malaya, la mer Morte et les lacs de Lombardie. C'est à la suite d'une communication que fit Falconer au conseil de la Société géologique de Londres, que l'on se décida à faire l'exploration de la caverne de Brix-ham, et que l'on découvrit, dans ce repaire antique, des ossements humains associés avec des débris de mammifères éteints. Dans les der-niers mois de 1858, il présenta à la Société un rapport sur cette expé-dition scientifique, rapport rédigé de concert avec le professeur Ramsay. Quelques jours après il était en route pour la Sicile, où il étudia les grot-tes de Maccaghone, dans lesquelles se trouvaient des instruments d'une grande antiquité soudés au milieu d'une brèche osseuse avec des restes d'hyènes actuellement éteintes en Europe. Ayant eu l'occasion d'examiner quelques-uns des instruments en silex que M. Boucher de Perthes avait extraits des carrières de la vallée de la Somme, il se prononça haute-ment pour leur authenticité. C'est à son influence personnelle que l'on

doit le voyage de M. Preswich et, par conséquent, le célèbre mémoire
que ce savant publia ultérieurement dans les *Transactions philosophiques* de 1859. Il prit part au congrès de la mâchoire en 1863, et se
rendit à l'évidence de faits qu'il avait commencé par considérer comme
apocryphes et incertains.

Jusqu'au dernier jour de son existence, nous retrouvons Falconer
debout sur la brèche scientifique. C'est lui qui appela l'attention de
l'Angleterre sur les remarquables découvertes faites par MM. Lartet
dans les cavernes de la Dordogne. Peu de temps après, il accompagnait son ami le professeur Busk dans l'exploration de la caverne
de Gibraltar. Avant de partir pour cette expédition importante, il
rédigeait un rapport sur les fossiles provenant de ce riche dépôt, qui
avaient déjà été présentés aux sociétés savantes d'Angleterre. En même
temps qu'il errait ainsi de caverne en caverne avec une ardeur
toute juvénile, il travaillait à la rédaction d'un ouvrage complet sur
l'*homme fossile*. Mais les fatigues et la surexcitation résultant d'efforts
constants achevèrent de ruiner sa constitution ébranlée par ses campagnes de l'Inde. Il mourut pour ainsi dire les armes à la main, succombant au service d'une théorie victorieuse, n'ayant pas assez vécu
pour contempler les fruits prochains et inévitables d'une aussi grande
découverte, mais ayant au moins eu la sublime satisfaction de voir
les nuages accumulés par une superstition séculaire disparaître devant
ses admirables travaux. Ce savant mérite donc de symboliser les recherches dont l'homme fossile a été l'objet en Angleterre. C'est en
quelque sorte le Boucher de Perthes de l'autre côté du détroit. Heureux les pays qui possèdent de si actives intelligences ! heureuses les
théories qui savent imposer de si beaux et de si constants dévouements !

CHAPITRE XVII

—

Les chercheurs qui dirigèrent leurs travaux dans la voie féconde où les Boucher de Perthes, les Falconer, et tant d'autres devaient s'illustrer, n'eurent pendant de longues années aucun moyen de s'entendre les uns avec les autres. Le mot de Hobbes, *homo homini lupus*, aurait été inventé par les géologues du dix-neuvième siècle, qu'on ne les aurait pas trouvés moins étrangement isolés, pendant que les orthodoxes ne formaient pour ainsi dire qu'une seule et même famille. On nous permettra facilement de ne pas nous astreindre à suivre l'ordre chronologique, pour soumettre à nos lecteurs les principales découvertes de la géologie militante. Nous profiterons franchement de ce que ces divers travaux n'ont aucun rapport les uns avec les autres, pour les raconter de la manière qui nous paraîtra à la fois la plus simple et la moins fatigante pour nos lecteurs.

La colline calcaire qui longe la rive gauche de la Meuse, entre Huy et Fleuville, est la continuation du banc qui descend de Namur. Elle forme en cet endroit deux plis très remarquables entre deux villages nommés Fleuville et Chollier.

Vers 1828, des ouvriers déblayaient la terre sur le flanc du rocher qui regarde la Meuse, lorsqu'ils rencontrèrent des débris qu'ils crurent provenir de chevaux que l'on avait enterrés en cet endroit. Ils avaient déjà jeté plusieurs de ces ossements sur la terre comme n'offrant nulle valeur, et ces précieuses trouvailles allaient être anéanties pour la science, lorsque le hasard amena sur ces lieux M. Schmerling, habile géologue de la ville de Liége.

Un coup d'œil jeté sur des trésors ostéologiques suffit pour convaincre ce savant qu'il avait devant lui un riche dépôt ossifère. Quelques coups de pioche lui montrèrent le calcaire produit par des infiltrations séculaires, et dans lequel il fit continuer les fouilles. Bientôt ce plafond s'éboula, une cavité de cinq mètres de haut, de forme toute irrégulière et de laquelle sortait un air froid tout imprégné d'une odeur désagréable, se présente inopinément.

La terre qui remplissait cette lacune était tellement saturée de cadavres, qu'elle était devenue onctueuse au toucher. Les animaux dont les ossements abondaient avaient pourri sur place dans ce charnier, que nous ne nous arrêterons point à décrire, et que M. Schmerling explora dans toutes ses parties. La vocation de ce géologue se trouvait fixée par cette brillante découverte ; *les cavernes* du pays de Liége avaient trouvé leur historien.

A trois ou quatre kilomètres seulement de Chollier se trouvait alors une colline calcaire très escarpée, qui a disparu depuis par suite des travaux de l'exploitation des carrières. Elle était remplie de fentes et d'ouvertures, dont deux surtout étaient d'un abord difficile. Pour atteindre la première, il fallait commencer par atteindre la crête de la colline, de laquelle on glissait au moyen d'une corde. On se rendait de la première à la seconde en se cramponnant aux rochers, sur lesquels avaient poussé quelques buissons et quelques brins d'herbe. C'est dans ces antres, dignes des bêtes fauves, que les premiers débris humains fossiles furent enfin mis au jour.

En réalité, c'est peut-être la Belgique qui peut se vanter d'avoir devancé la France dans la constatation authentique de la haute antiquité de l'homme. En effet, il est impossible de parcourir l'atlas et l'ouvrage publié dès 1833 à la suite de ces savantes excursions sans demander comment la bataille dure encore.

Comme nous venons de le dire, l'entrée de ce dépôt ossifère avait lieu à l'aide d'une corde dont un bout était attaché au pied d'un arbre et dont l'autre flottait au-dessus de l'abîme. On ne pénétrait dans le sanctuaire qu'en se traînant à quatre pattes le long d'un étroit couloir que les infiltrations inondaient.

Mais il n'y a point de peines ni de fatigues, que le véritable homme de science ne soit prêt à supporter pour conquérir une idée positive ! L'ardeur intellectuelle ne le cède ni à la monomanie religieuse, ni à l'ambition. Pour l'honneur de l'esprit humain, ce ne sont point les sentiments bas et vils qui mériteraient certainement la prime de persévérance.

Pendant plusieurs années consécutives, on voit un homme déjà âgé, usé par le travail, se confier courageusement à ce câble flottant; c'était le professeur Schmerling, veillant avec un soin jaloux sur le travail des ouvriers. Les pieds dans la boue, la tête sous l'eau qui suintait des roches, à la lueur tremblotante des torches il écrivait, dessinait et rêvait. Il notait la position du moindre débris, et fouillait avec un soin scrupuleux tous les décombres. Il étonnait par son ardeur et sa ténacité tous les manœuvres renfermés quotidiennement dans les mêmes ténèbres. N'avait-il pas à percer une stalagmite encore plus dure que le couvercle qui s'était formé sur cette magnifique brèche osseuse dans laquelle les débris humains étaient enchâssés! En effet, après quelques années de patience, le travail des ouvriers était fini, ils avaient enlevé cette roche formée par les gouttes d'eau suintant de la caverne depuis l'époque inconnue au berceau d'Engis, qui avait été déposé au milieu des ossements des animaux ses contemporains! Mais le plus rude labeur de Schmerling ne faisait que de commencer. Pendant vingt-cinq ans encore, les partisans de Cuvier devaient s'étaler triomphants, chamarrés, au soleil de toutes les académies! Quant au livre laborieusement enfanté, quel devait être son sort? D'être considéré comme l'œuvre d'un esprit malade, d'un cerveau détraqué, partout où l'indifférence publique ne l'empêchait pas de pénétrer.

Parmi les autres découvertes du docteur Schmerling, nous ne pouvons passer sous silence l'étude de la caverne d'Enginhoul, située précisément en regard de celle d'Engis, de l'autre côté de la Meuse. En effet, la situation des ossements renfermés dans ces deux gîtes pourrait faire croire à une sorte de destinée scientifique. Quelle mystérieuse affinité existait entre des cadavres qui ont été enfouis sans doute dans des circonstances analogues, à peu près au même temps, et qui devaient être mis au jour par le même savant!

Malheureusement, la description des autres découvertes de Schmerling ne ferait que reproduire, sous une autre forme, les récits que nos lecteurs ont peut-être trouvés trop longs.

Notre impartialité nous fait cependant un devoir d'insister sur le rôle trop ignoré que ce grand géologue a joué dans ces attrayantes recherches, et sur la manière dont les événements politiques influent quelquefois dans le développement de l'idée. Si la Belgique eût été annexée à la France par le gouvernement de Juillet, l'homme fossile eût fait certainement plus de bruit à Paris. Mais l'isolement de la nation belge produisit l'isolement de la pensée indigène. Lorsque

M. Boucher de Perthes jeta sur le tapis vert de notre Académie les armes de silex d'Abbeville, personne, pour ainsi dire, ne se rappela que M. Schmerling avait déjà scandalisé tous les professeurs de l'université de Liége, il y a plus de vingt longues années, par des découvertes analogues.

C'est dans un coin ignoré de la Belgique, au milieu de l'indifférence des professeurs de l'Université de Liége, que l'antiquité de l'homme a été proclamée pour la première fois d'une manière indiscutable, car M. Schmerling, dès 1833, a exhumé des instruments identiques à ceux que l'illustre géologue d'Abbeville devait soumettre à l'Académie.

Si l'on avait consenti à lire avec quelque attention ses recherches, on saurait, depuis plus d'un quart de siècle, que toutes les cavernes ossifères de la Meuse, de la Vesdre et de l'Ourthe recèlent des silex taillés en flèches et en couteaux ! On aurait appris depuis lors que la grotte de Cholier renfermait au milieu des dents de rhinocéros un os grossièrement taillé et obliquement perforé. On n'aurait pas oublié l'histoire de la découverte des os et des cornes ouvrées dans la caverne du Fond-de-Forêt, ni le résultat de l'exploration de ce réduit mystérieux qui se trouvait sous le château de Lagne.

La Belgique, qui peut donc revendiquer une belle part de gloire dans la découverte de l'homme fossile, ne devait pas rester indifférente à l'établissement définitif des belles théories, au succès desquelles devait servir la mémoire de M. Schmerling. Son courage et sa persévérance ne devaient point être perdus pour la cause de la géologie scientifique. Du reste, Schmerling avait fait souche. Parmi les courageux défenseurs de ses doctrines, nous ne pouvons nous empêcher de citer le vénérable O'Malles d'Hallay, qui ne les a pas reniées un seul instant pendant ses longues années de luttes et d'incertitudes. M. Spring, autre membre de l'Académie de Bruxelles, et M. Van Benneden, le grand *embryogéniste*, ont joué un rôle également honorable dans l'établissement définitif des vérités géologiques qui doivent servir de base à l'histoire rationnelle de l'humanité.

Comme on le voit, Paris doit peut-être envier à sa rivale une aussi brillante pléiade. La théorie de l'homme fossile n'est pas pour nos voisins une contrefaçon, et cette fois du moins ils ont le droit de réclamer les honneurs de l'invention.

Ces grands géologues profitèrent habilement du bruit qui s'était fait autour de la découverte de M. Boucher de Perthes pour entraîner l'Académie de Belgique dans les voies nouvelles où elle s'était engagée avec tant de mauvaise volonté.

Aussi, pendant que l'Académie des sciences de Paris se bornait à prélever sur les fonds disponibles une somme de quelques centaines de francs, grande hardiesse par le temps d'incrédulité scientifique qui court, le cabinet de Bruxelles mettait généreusement à la disposition de Van Benneden l'argent nécessaire pour organiser une grande campagne d'exploration, dont nous nous servirons pour clore provisoirement notre esquisse.

Les débris des hommes primitifs étaient associés à des mâchoires de castor et de glouton, à des os d'ours de l'espèce ordinaire, de renne, de chèvre, de bœuf, de sanglier, de musaraigne, de campagnol.

Les os humains appartenaient à deux individus d'âges différents, et dont le développement cérébral avait été bien inégal.

Le plus âgé avait une arcade sourcilière peu prononcée, mais des bosses frontales peu proéminentes; les parois du crâne avaient une épaisseur très grande, et les sinus frontaux étaient bien marqués.

L'os frontal du plus jeune n'a rien qui rappelle l'idée d'un être à intelligence obtuse; l'arcade orbitaire est parfaitement arrondie; on ne voit plus aucune trace de cette crète osseuse si saillante chez le gorille, et encore visible, en quelque sorte, chez les individus humains, à développement cérébral rudimentaire ou imparfait. Le front est élevé, et l'épaisseur des parois est très faible.

L'enfant est donc de beaucoup supérieur à l'adulte. C'est le caractère des races sauvages, qui débutent dans la vie avec une certaine dose d'intelligence. Mais rapidement, les instincts bestiaux égoïstes prennent la prépondérance, et le petit prodige devient semblable à son père et à sa mère, ou peu s'en faut.

Les travaux de l'exploitation des carrières d'Engis ont fait disparaitre la fameuse grotte de Schmerling, avant que la science n'acceptât les découvertes qui y furent faites. On a perdu ainsi l'occasion de vérifier directement les assertions de M. Schmerling, mais le récit sommaire de l'expédition de M. Van Benneden prouvera suffisamment que toutes les cavernes susceptibles de donner un démenti aux traditions de notre mythologie ne sont pas épuisées.

Que disions-nous? Est-ce que l'homme fossile ne vient pas braver l'opposition impuissante des derniers défenseurs de Cuvier?

Depuis 1860, on découvre des instruments de silex non polis dans les graviers diluviens des faubourgs de Paris et de Londres, en même temps que des os d'éléphants. En voyant que Lyell indique la présence des pierres fossiles dans le bassin de la Tamise, que M. Pecqué-

Lacour extrait des hachettes du diluvium de Precy, près de Creil, que M. Lartet en découvre à Clichy, on se demande si l'homme fossile ne s'est pas embarqué près de la Société royale de l'Institut ! Personne ne serait étonné d'apprendre qu'on a découvert que c'est précisément au-dessus d'une merveilleuse caverne d'ossements que les derniers défenseurs de doctrines fossiles ont prononcé leurs derniers sophismes.

CHAPITRE XVII

—

L'HOMME FOSSILE EN FACE DES PYRAMIDES

Nos lecteurs ne se rappellent peut-être point que M. Jeanron, directeur des Beaux-Arts du temps de la seconde république, envoya en Egypte un jeune homme pour déchiffrer des manuscrits cophtes qui se trouvaient enfouis dans quelques monastères. Mais M. Mariette vit les pyramides et les obélisques de Thèbes et de Memphis étinceler au soleil de l'Orient. Il laissa donc les manuscrits cophtes dormir en paix pendant quelques lustres, et il se mit bravement à déchiffrer cette merveilleuse histoire morale que Champollion nous apprit à épeler.

Des découvertes de la plus haute importance signalèrent bientôt le jeune volontaire à l'attention du monde savant, et le dénoncèrent en même temps aux sectes ennemies de la vérité historique.

Il en résulte que les travaux de M. Mariette ne reçurent point tous les encouragements dont ils étaient dignes, et que la France ne peut point aujourd'hui s'enorgueillir de compter au nombre des pensionnaires de son budget un des plus illustres successeurs de Champollion.

Heureusement, notre savant compatriote a trouvé chez un prince musulman un appui que les nations occidentales lui auraient sans doute fait payer trop cher, au prix de ménagements imposés pour les superstitions vulgaires.

Un pacha qui ne craint point de blesser le collége romain, car les foudres des encycliques glissent sur son turban, a mis à sa disposition toutes les ressources nécessaires en hommes et en argent, et l'a chargé, depuis quelques années déjà, de veiller à la conservation de ce qui reste des Pharaons !

De nouvelles découvertes, dont des jaloux avaient essayé de s'emparer, ont signalé cet accroissement de ressources, et l'on peut prévoir le jour où l'histoire égyptienne sera aussi connue peut-être que celle des empereurs romains.

L'auteur de la *Vie de Jésus* vient d'appeler de nouveau l'attention publique sur la dernière des nombreuses exhumations dues à M. Mariette. Il décrit, dans un des derniers numéros de la *Revue des Deux Mondes*, la grande table d'Abydos, que le conservateur des monuments d'Egypte a la gloire d'avoir rendue à la lumière. M. Renan peint, avec son style vif et coloré, le monument où la table se trouve encore, à la place que lui avaient assignée les Pharaons.

Est-il permis de supposer que son imposant témoignage convaincra tous les incrédules du poids de cette nouvelle démonstration de l'authenticité de la liste de Manethon ! Est-ce en vain qu'une cinquième découverte viendra justifier la bonne foi du prêtre d'Isis, inutilement révoquée en doute pendant plus de mille ans par les sectaires ennemis de la vérité historique ?

Est-ce inutilement que les égyptologues ont retrouvé la clef du secret que les théocraties expirées avaient confié aux hypogées de Biban-el Moulouk et aux sphynx de Karnak ?

Le monde savant restera-t-il insensible aux conquêtes d'un archéologue picard venant providentiellement continuer l'œuvre du grand géologue d'Abbeville, de sorte que les ruines du grand temple d'Abydos confirment le témoignage des sables de Moulin-Quignon ?

En aucune façon, la postérité associera les noms des deux compatriotes dans un même sentiment de reconnaissance. Nous ne faisons donc que devancer le verdict des âges futurs en cherchant à rattacher l'un à l'autre le vénérable Boucher de Perthes et le jeune travailleur qui, par une autre voie, arrive au même but.

Les monuments décrits d'une manière complète, et dont la date semble fixée d'une manière certaine, font remonter le début des annales positives jusqu'à mille ans avant la création du monde, suivant l'ère vulgaire. L'Egypte historique est plus vieille de trente générations que le paradis d'Adam et d'Éve !

Nous voyons s'ouvrir devant nous une vaste période de soixante-dix siècles, se succédant sans lacune quelconque, car le prétendu déluge de la Bible n'a pas laissé trace dans la vallée du Nil ; Chéops et Chéphrem faisaient construire leurs pyramides à l'époque où l'Arche devait s'arrêter sur le mont Ararat ! Qu'est-ce que nous apprend cette histoire contenant des dates trois fois plus vieilles que celle de Romulus ?

Le progrès n'est point ce que de vains philosophes s'imaginent. Arrivée à un certain point d'éclat, la société égyptienne s'arrête ; elle tombe aux mains des barbares qui erraient aux portes de l'empire des prêtres de Memphis !

Les hiéroglyphes nous font assister à une décadence pareille à celle qui châtia Rome de l'ère des Césars, à celle qui livra une première fois la Chine aux Tartares.

Mais l'Egypte n'était pas morte comme Memphis, qui avait été ruiné de fond en comble. Elle se réveilla, ainsi que le fit plus tard l'Espagne après l'invasion musulmane conduite par quelque Pélage. Elle chassa les barbares après cinq cents ans d'esclavage.

Alors commença une seconde période de civilisation dont les glorieux débris couvrent le sol de Thèbes hécatompyle.

Cependant, la culture de la civilisation semble être tellement épuisante, que Thèbes dut aussi voir sa fatale journée après mille ans de puissance.

Les Perses, conduits par le farouche Cambyse, commencèrent la seconde période d'invasion, l'âge des conquêtes qui durent encore, et qui semblent devoir durer toujours. Qu'est-ce qui pourrait se vanter de tirer les fils des Pharaons de leur sommeil vingt fois séculaire ?

Tout n'est pas perdu dans ces grandes vicissitudes, sans doute ; d'une période à l'autre, le caractère du progrès change pour le bien de l'humanité. Il y a comme une rotation de la culture, des fruits de l'intelligence, qui rend ces grandes catastrophes aussi nécessaires que les orages !

Peut-être aurions-nous tort de verser des larmes sur la mort d'Osiris ? Est-ce que les Hyksos vaincus, poursuivis par quelque Aménophis, n'ont point dérobé une portion de la science de leurs vainqueurs pour la semer dans le monde ? N'ont-ils point exporté l'idée du Dieu unique ? Est-ce que, pour être barbouillé de sang, Jéhovah n'en est pas moins Jéhovah !

Qui sait si les triomphes de Cambyse n'ont point, de leur côté, produit le mouvement dont Pythagore fut l'apôtre, comme la victoire de Mahomet II nous valut la Renaissance.

Sans doute, chaque cycle nouveau renferme tous les cycles précédents, comme chaque tour d'une immense spirale s'élançant vers l'infini.

Cependant, il était impossible de ne pas signaler ces fluctuations dans la pensée humaine. Rien n'est plus grandiose que les caprices apparents de cet esprit du temps qui inspire quelques peuples d'élection, et qui les abandonne pour se porter ailleurs ; qui va, qui vient, qui se développe et se retire, mais qui, enfin, brille toujours quelque part.

Mais rien aussi ne fait merveilleusement comprendre comment l'humanité a pu perdre la trace de ses origines, et répudier les croyances historiques des peuples initiateurs de l'antiquité.

Il en est de la théorie de l'homme fossile comme de celle du mouvement de la terre, qui fut oubliée depuis Pythagore jusqu'à Copernic.

Le règne des Ptolémées peut obscurcir, pendant des milliers d'années peut-être, la science du ciel ; mais enfin, arrive le jour où la grande tradition de la véritable astronomie rationnelle se trouve de nouveau rétablie.

Si nous ne nous abusons, les découvertes dont nous avons présenté une esquisse sommaire donneront le signal d'une renaissance historique. Nous ne savons encore quels sont les événements, les héros que l'on sauvera du grand naufrage, quels sont les mystères susceptibles de recevoir une interprétation scientifique ; mais la carrière est ouverte par la géologie militante ; elle appartient dorénavant au génie des interprètes. Que les Mariette, les Renan, les Appert se mettent bravement à l'ouvrage. A eux doit revenir l'honneur d'éclairer les siècles encore enveloppés d'obscures ténèbres. C'est leur érudition qui doit couronner à la fois l'œuvre des Boucher de Perthes, des Falconer, des Schmerling, et celle des Gœthe, des Geoffroy St-Hilaire, des Darwin : car la science de la nature est incomplète tant qu'elle n'a pas préparé la naissance de celle de l'humanité.

TABLE DES MATIÈRES

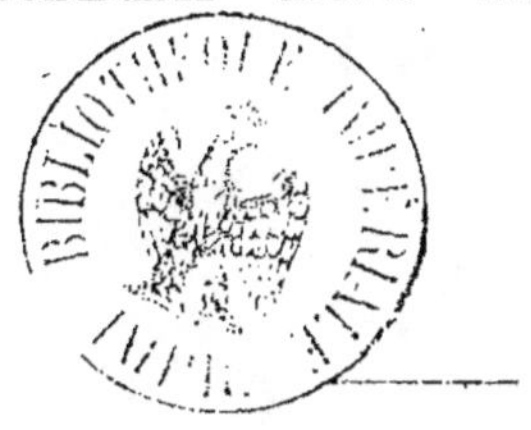

Paris — Imprimerie Dubuisson et Cᵉ, rue Coq-Héron, 5.